STARK

KOMPAKT-WISSEN
BIOLOGIE

Hans-Dieter Triebel

Genetik und Entwicklung
Immunbiologie · Evolution
Verhalten

Bildnachweis

Umschlagbild: Christiane Bottlender, Langenbach

S. 7: Passarge, E.: Taschenatlas der Genetik, Georg Thieme Verlag Stuttgart 1994

S. 8: Murken, Cleve: Humangenetik, Ferdinand Enke Verlag 4. Auflage 1998

S. 60 (oben): Engler, D.: Syllabus der Pflanzenfamilien, Band II,
Dunker & Humblot Verlag Berlin 1960

S. 63 (oben): Hauck, A.: Pfalzgrafenweiler

S. 83: © Manfred Keller, post@manfred-keller.de

S. 90: © Parey Buchverlag im Blackwell Wissenschafts-Verlag GmbH, Berlin

S. 95 nach: Campbell, N. A.: Biology, © 1996 by The Benjamin/Cummings
Publishing Company, Inc.

S. 96: Stebbins, G. L.: Processes of Organic Evolution, 3rd edition, © 1977.
Reprinted by permission of Pearson Education, Inc. Upper Saddle River, NJ

S. 99: verändert nach Ziegler, Allgemeine Paläontologie: Einführung in die
Paläontologie, Teil 1. E. Schweizerbart'sche Verlagsbuchhandlung
(Nägele und Obermiller), 1986

S. 100: nach Kuhn-Schnyder in Vogel, K.: Lebensweise und Umwelt fossiler Tiere,
Quelle & Meyer, 1984

S. 120, 128: Peter Kornherr, St. Wolfgang

S. 121, 124: Franck, D.: Verhaltensbiologie, Georg Thieme Verlag Stuttgart,
2. Auflage 1985

S. 133: Zimen, E., Der Hund, C. Bertelsmann Verlag GmbH München,
2. Auflage 1989

S. 136: Tinbergen, N: Time-Life Redaktion: Tiere und ihr Verhalten, Time Inc. 1966

ISBN 978-3-89449-771-2

© 2010 by Stark Verlagsgesellschaft mbH & Co. KG
www.stark-verlag.de
1. Auflage 2006

Inhalt

Fortsetzung auf der nächsten Seite

Autor: Hans-Dieter Triebel

Hinweis: Die mit (1) gekennzeichneten Verweise auf weitere relevante Textstellen beziehen sich auf den Band **Kompakt-Wissen Biologie 1** (Zellen und Stoffwechsel; Nerven, Sinne und Hormone; Ökologie), Verlagsnummer 94712.

Vorwort

Liebe Schülerinnen und Schüler,

dieser Band aus der Reihe Kompakt-Wissen bietet Ihnen eine knappe und doch umfassende Zusammenstellung der Unterrichtsinhalte der Biologie in den Fachgebieten Genetik, Evolution und Verhaltensbiologie. Das zweibändige Kompakt-Wissen Biologie stellt Ihnen wichtige Fakten und Zusammenhänge **schnell und übersichtlich** zur Verfügung, sodass Sie sich optimal auf alle Prüfungen und das Abitur vorbereiten können.

- Durch zahlreiche **Grafiken, Diagramme und Schemata** werden die prüfungsrelevanten Inhalte verständlich und schneller erfassbar.
- Mithilfe des **umfangreichen Stichwortverzeichnisses** können Sie den Band zum gezielten Nachschlagen von bestimmten Begriffen und Inhalten verwenden.
- Damit Sie das Wichtigste auf einen Blick finden, sind **Fachbegriffe** der Biologie blau hervorgehoben.
- Durch **Querverweise** finden Sie sich in den themenübergreifenden und vertiefenden Darstellungen leichter zurecht.

Ich wünsche Ihnen viel Erfolg bei der Prüfungs- und Abiturvorbereitung mit diesem Band!

Hans-Dieter Triebel

Hans-Dieter Triebel

Genetik und Entwicklung

1 Klassische Genetik – mendelsche Regeln

Die Gesetze der Vererbung, nach denen Eigenschaften an die Nachkommen weitergegeben werden, wurden Ende des 19. Jahrhunderts durch Johann Gregor MENDEL (1822–1884) beschrieben.

1.1 Monohybride Erbgänge

MENDEL führte zunächst Kreuzungen mit reinerbigen (homozygoten) Erbsenpflanzen durch, die sich nur in einem einzigen sichtbaren Merkmal unterschieden, z. B. rote und weiße Blütenfarbe.

Monohybrider dominant-rezessiver Erbgang
Die aus den Samen von gekreuzten Elternpflanzen (Parentalgeneration P) mit roten bzw. weißen Blüten entstandenen Tochterpflanzen (1. Filialgeneration F_1) hatten einen uniformen Phänotyp, d. h., sie sahen alle gleich aus. Aus diesem Phänomen leitete MENDEL die 1. mendelsche Regel ab:
Kreuzt man reinerbige Individuen einer Art, die sich in einem Merkmal unterscheiden, so sind die Nachkommen in der F_1-Generation untereinander gleich (Uniformitätsregel).

Trotz des einheitlich roten Phänotyps ist die Anlage für „Weißblütigkeit" aber nicht verloren gegangen, sondern ist weiterhin im Genotyp (Gesamtheit der Erbanlagen eines Individuums) der Pflanzen der F_1-Generation vorhanden. In einem solchen Fall liegt die Erbanlage (das Gen) für das betreffende Merkmal (hier: die Blütenfarbe) in zwei verschiedenen Ausprägungen oder Allelen vor. Die F_1-Individuen sind also bezüglich dieses einen Merkmals mischerbig (heterozygot) und werden (Mono-)Hybride oder Bastarde genannt. Der Phänotyp wird dabei ausschließlich vom dominanten Allel (rot) bestimmt. Die Ausprägung des anderen Allels (weiß) wird unterdrückt; dieses Allel ist rezessiv.

In Erb- oder Kreuzungsschemata wird das dominante Allel durch einen Großbuchstaben (z. B. A) und das rezessive Allel durch den entsprechenden Kleinbuchstaben (a) symbolisiert.

Bei der Kreuzung der rot blühenden Pflanzen der F_1-Generation untereinander wurde das rezessive Allel wieder sichtbar. Ihre Nachkommen spalteten sich wieder in rot- und weißblütige Pflanzen auf. Die **2. mendelsche Regel** lautet daher:

Kreuzt man die Individuen der F_1-Generation untereinander, so treten in der F_2-Generation auch die Merkmale der P-Generation in einem bestimmten Zahlenverhältnis wieder auf **(Spaltungsregel)**.

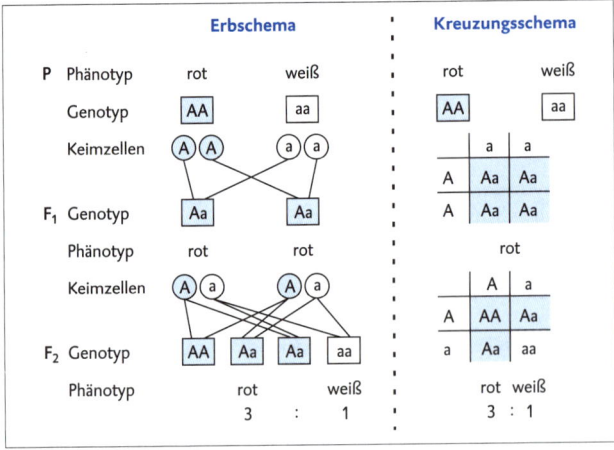

Monohybrider dominant-rezessiver Erbgang

Selbstverständlich kann ein Merkmal auch in mehr als zwei Ausprägungen vorliegen; man spricht dann von **multipler Allelie**, z. B. bei den Blutgruppen des Menschen (AB0-System, siehe S. 6).

Monohybrider intermediärer Erbgang

Führt ein heterozygoter Genotyp zu einem gemischten Phänotyp (z. B. rosafarbene Blüten), liegt ein **intermediärer Erbgang** vor. Es ergibt sich eine Mischform zwischen den parentalen Phänotypen, da kein Allel das andere vollständig unterdrücken kann. Im Fall der rosafarbenen Blüten sind beide Allele „gleich stark" und tragen in gleichem Maße zur Merkmalsausprägung bei. In diesem Fall spricht man von **Codominanz.** Dieser „Idealfall" ist aber in der Natur relativ selten. Meist verschiebt sich die Merkmalsausbildung stärker zu einem der beiden beteiligten Allele, sodass man intermediäre Vererbung auch als **unvollständige Dominanz** verstehen kann.

Die 1. und die 2. mendelsche Regel gelten selbstverständlich auch für den intermediären Erbgang. Daher spaltet sich der uniforme Phänotyp der F_1 in der F_2 ebenfalls in einem charakteristischen Zahlenverhältnis auf.

P	Phänotyp	rot		weiß
	Genotyp	aa		bb

		a	a
	b	ab	ab
	b	ab	ab

| F_1 | Phänotyp | rosa |

		a	b
	a	aa	ab
	b	ab	bb

F_2	Phänotyp	rot	rosa	weiß
		1	2	1

Monohybrider intermediärer Erbgang

Rückkreuzung

Um festzustellen, ob ein Individuum bezüglich eines dominanten Allels homo- oder heterozygot ist, führt man eine **Rückkreuzung** (Testkreuzung) mit einem homozygot rezessiven Partner durch. Sind die Nachkommen uniform, liegt Homozygotie des dominanten Allels vor. Spaltet sich dagegen der Phänotyp 1 : 1 auf, war das zu testende Individuum heterozygot.

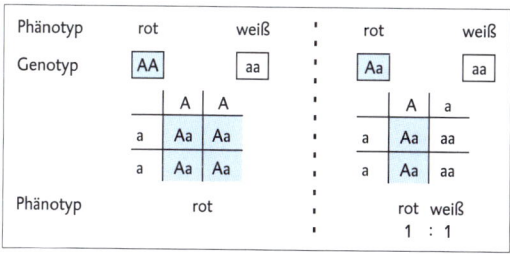

Rückkreuzung

1.2   Dihybride Erbgänge

MENDEL untersuchte auch **dihybride Erbgänge**, bei denen sich die Erbsenpflanzen in zwei Merkmalen unterschieden, z. B. Farbe (gelb – grün) und Form (rund – kantig) der Samen. Auch bei diesen Kreuzungen setzten sich in der F_1-Generation uniform die dominanten Allele durch: Alle Samen waren gelb und rund. In der F_2-Generation spaltete sich der uniforme Phänotyp wiederum auf. Dabei entstanden aber auch Merkmalskombinationen, die in der Parental-Generation nicht aufgetreten waren. Die Erbanlagen für Samenfarbe und -form wurden unabhängig voneinander vererbt und neu kombiniert **(3. mendelsche Regel)**:

Kreuzt man Individuen, die sich in mehr als einem Merkmal reinerbig unterscheiden, werden die einzelnen Merkmale unabhängig voneinander vererbt und in der F_2-Generation neu kombiniert **(Unabhängigkeitsregel)**.

Dihybrider dominant-rezessiver Erbgang

Nicht immer gilt diese von MENDEL beobachtete unabhängige Vererbung von Merkmalen. Liegen die Erbanlagen für die betreffenden Merkmale zusammen auf einem Chromosom, so liegt **Genkopplung** vor. Die Merkmale treten dann meist auch in den Tochtergenerationen zusammen auf (siehe S. 12).

1.3 Polygenie, Polyphänie und Modifikation

Tatsächlich trifft die allen mendelschen Regeln zugrunde liegende „Ein-Gen-ein-Merkmal"-Hypothese nur in den seltensten Fällen zu. In der Regel wird ein Merkmal nicht nur durch ein Gen (Monogenie), sondern durch mehrere unterschiedliche Gene bestimmt (Polygenie). Wenn das betreffende Merkmal prinzipiell durch jedes dieser Gene alleine zustande kommen könnte und die Gene sich in ihrer Wirkung lediglich gegenseitig verstärken, wird dies als **additive Polygenie** bezeichnet (z. B. die Gene, die die Körpergröße des Menschen bestimmen). **Komplementäre Polygenie** besteht, wenn mehrere Gene zur Ausprägung des Merkmals benötigt werden, da sie dazu in unterschiedlicher Weise beitragen. Beeinflusst im Gegensatz zur Polygenie ein einzelnes Gen mehrere Merkmale, so spricht man von **Polyphänie** (Pleiotropie). Ein Beispiel hierfür ist das Marfan-Syndrom, bei dem die Abweichung in nur einem Gen mehrere zusammenhängende Symptome hervorruft (durch eine krankhafte Veränderung des Bindegewebes werden Augen, Skelett und Kreislaufsystem beeinträchtigt).

Die Ausprägung eines Phänotyps kann außer durch die Erbanlagen auch durch die Wirkung von Umwelteinflüssen verändert werden. Solche individuell erworbenen Modifikationen werden aber nicht vererbt. An die Nachkommen wird nur eine **Reaktionsnorm** (Variationsbreite) weitergegeben, innerhalb derer die tatsächliche Ausprägung des betreffenden Merkmals schwanken kann (siehe S. 88). Bei der **fließenden Modifikation** verteilt sich die Merkmalsausprägung bei erbgleichen Nachkommen in einer glockenförmigen Kurve um einen Mittelwert (Gauß-Normalverteilung). Ändert sich ein Merkmal dagegen mit bestimmten Umweltbedingungen übergangslos, so spricht man von einer **umschlagenden Modifikation**. Dies ist z. B. der Fall, wenn die Bildung eines Farbstoffs in Abhängigkeit von der Temperatur initiiert oder unterdrückt wird (Chinesische Primel bildet bei > 30 °C weiße Blüten, bei < 30 °C rote).

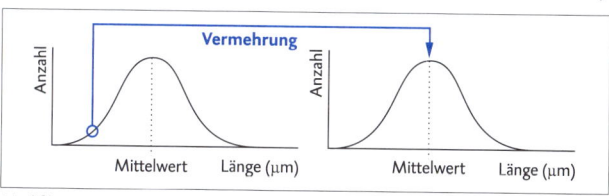

Modifikationen bei erbgleichen Pantoffeltierchen

1.4 Blutgruppenvererbung nach Mendel

Die Vererbung der Blutgruppe beim Menschen folgt den mendelschen Regeln. Es handelt sich um einen monogenen, dominant-rezessiven Erbgang. Bei dem Gen, das über die Ausprägung der Blutgruppe bestimmt, liegt multiple Allelie vor. Es können drei verschiedene Allele miteinander kombiniert werden : A, B und 0 (AB0-System).

Dabei sind die Allele A und B dominant über das Allel 0. A und B sind außerdem codominant, d. h., sie werden beide ausgeprägt, wenn sie zusammen vorkommen. Die Allele A und B führen zur Bildung von spezifischen Antigenen auf der Zellmembran von roten Blutkörperchen. Zur Bestimmung der Blutgruppe werden diese Antigene mit geeigneten Antikörpern nachgewiesen (siehe S. 70).

Blutgruppe (Phänotyp)	mögliche Genotypen	mögliche Keimzellen	mögliche Genotypen in der F_1-Generation			
				A	B	0
A	AA, A0	A und 0	A	AA	AB	A0
B	BB, B0	B und 0	B	AB	BB	B0
AB	AB	A und B	0	A0	B0	00
0	00	nur 0				

Vaterschaftsausschluss

Lange bevor der „genetische Fingerabdruck" (siehe S. 54) zum Einsatz kam, konnte bereits vor Gericht die Blutgruppe bei Vaterschaftsklagen herangezogen werden. Je nachdem, welche Blutgruppen Mutter und Kind haben, kann anhand der Blutgruppe des Mannes entschieden werden, ob er als möglicher Vater infrage kommt.

Blutgruppe der Mutter	Blutgruppe des Kindes	mögliche Blutgruppe(n) des Vaters	für den Vater ausgeschlossene Blutgruppen
A	B, AB	B, AB	A, 0
B	A, AB	A, AB	B, 0
0	0	A, B, 0	AB
0	A	A, AB	B, 0
0	B	B, AB	A, 0

2 Zytogenetik – Chromosomen und Vererbung

Damit bei der Bildung von Keimzellen jede Tochterzelle einen vollständigen Satz an Erbanlagen erhält, muss das Erbgut der Zelle entsprechend „verwaltet" werden können.

Ort der Speicherung und der Verwaltung der genetischen Information ist der Zellkern. Darin liegen die Träger der Erbanlagen, die **Chromosomen**. Vor jeder Zellteilung kondensiert bei Eukaryoten das undifferenziert erscheinende Chromatin des Zellkerns aus seiner entspiralisierten „Arbeitsform" zu lichtmikroskopisch sichtbaren Chromosomen. Diese bilden geeignete Transporteinheiten für die Verteilung des Erbmaterials auf die Tochterzellen (siehe (1) S. 22). Während der Metaphase sind die Chromosomen am stärksten komprimiert.

2.1 Chromosomen

Jedes Chromosom besteht unmittelbar vor einer Zellteilung aus zwei identischen Spalthälften, den (Schwester-)**Chromatiden**, die miteinander am Zentromer verbunden sind. Jedes Chromatid enthält einen durchgängigen DNA-Strang, der mit Histon-Proteinen zu **Nukleosomen** verbunden ist. Alle Nukleosomen bilden, perlenkettenartig untereinander verbunden, die Elementar- bzw. Chromatinfäden des Chromosoms.

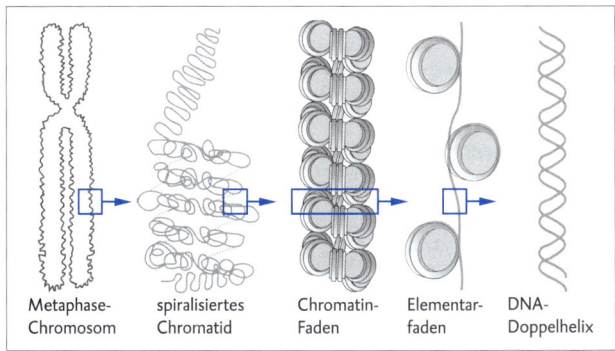

| Metaphase-
Chromosom | spiralisiertes
Chromatid | Chromatin-
Faden | Elementar-
faden | DNA-
Doppelhelix |

Struktur eines Metaphasechromosoms

In einem **Karyogramm** werden alle Chromosomen einer Zelle nach ihrer Größe, Gestalt und spezifischen Bandenmustern geordnet dargestellt. Die Zellteilung von teilungsfähigen Zellen, z. B. Lymphozyten, wird dazu in der Metaphase der Mitose durch Colchicin, das Gift der Herbstzeitlosen, unterbrochen, die Zellen zerstört und die freiliegenden Chromosomen durch Anfärben sichtbar gemacht.

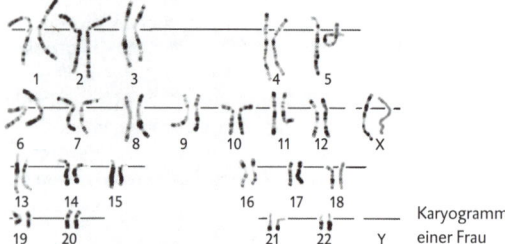

Karyogramm einer Frau

Die Anzahl der Chromosomen in einer Zelle, d. h. ihr **Chromosomensatz**, ist arttypisch. So enthalten die Zellen von Mensch und Fledermaus 46, von Schimpansen 48, von Taufliegen 8 und von Mais 20 Chromosomen.

Die 46 Chromosomen stellen den für die Körperzellen des Menschen typischen **diploiden** Chromosomensatz dar, bei dem (bis auf die Geschlechtschromosomen beim Mann) jedes Chromosom in doppelter Ausführung vorliegt (2n). Es handelt sich um **homologe Chromosomen**, von denen eines von der Mutter und das andere vom Vater stammt. In den Keimzellen liegen normalerweise einfache, **haploide** Chromosomensätze (n) vor. Bei der Verschmelzung von Keimzellen (Befruchtung) entsteht dann wieder eine Zygote mit einem diploiden Chromosomensatz.

Bei verschiedenen Organismen existieren aber auch Zellen mit einem mehrfachen Chromosomensatz, die entsprechende Bezeichnungen tragen, z. B. dreifach – triploid (3n), vierfach – tetraploid (4n) usw. Allgemein bezeichnet man solche vielfachen Sätze auch als **polyploid**. Alle Sätze mit einem Vielfachen des haploiden werden als euploid bezeichnet. Wird nur ein Teil der Chromosomen vervielfacht, so werden diese Sätze als aneuploid bezeichnet (z. B. Trisomie 21, siehe S. 36).

Die sog. **Autosomen** liegen bei allen (nicht aneuploiden) Individuen wie beschrieben jeweils in doppelter Ausführung vor. Ein weiteres Chromosomenpaar, die Geschlechtschromosomen oder **Gonosomen**, bestimmen das Geschlecht eines Organismus und können ungleich sein. Sie tragen üblicherweise die Bezeichnung X und Y. Beim Menschen und bei vielen Tieren bestimmt das Y-Chromosom die Entwicklung zum männlichen Individuum (u. a. bei Vögeln ist es aber genau umgekehrt). Allerdings sind an der Ausbildung geschlechtstypischer Merkmale auch immer Gene auf den anderen Chromosomen beteiligt.

Da der Mann zwei unterschiedliche Gonosomen besitzt (XY), ist er bezüglich aller Gene, die auf dem X-Chromosom liegen, **hemizygot** (diese Gene liegen bei ihm nur in einfacher Ausführung vor). Dies hat Auswirkungen auf die Vererbung der betreffenden Gene (siehe S. 14 f.).

2.2 Meiose

In der Meiose **(Reifeteilung)** entstehen die Geschlechtszellen (Keimzellen). Aus spezialisierten diploiden Körperzellen werden dabei haploide Gameten, die anschließend während der Befruchtung miteinander verschmelzen und wieder ein diploides Individuum bilden. Damit sich der Chromosomensatz nicht bei jeder Befruchtung verdoppelt, wird er also vorher halbiert.

Neben der Reduktion des Chromosomensatzes ist auch die Neukombination der väterlichen und mütterlichen Erbanlagen eines Individuums eine wichtige Aufgabe der Meiose. Diesen Vorgang nennt man **Rekombination**.

Die Trennung der homologen Chromosomen und die Verteilung der Schwesterchromatiden auf die Keimzellen während der Meiose erfolgt in zwei Schritten:

1. Reifeteilung (Reduktionsteilung)

Zunächst teilen sich die Urkeimzellen (Spermatozyten oder Oozyten); der Chromosomensatz wird dabei von diploid auf haploid reduziert. Die homologen Chromosomen finden sich zu Tetraden (Vierchromatiden-Chromosomen) in der Äquatorialebene zusammen. In der anschließenden Trennung der homologen (Zweichromatid-)Chromosomen werden diese zufällig auf die Pole und damit auf die Tochterzellen verteilt. Dadurch kommt es zu einer Neudurchmischung der väterlichen und mütterlichen Chromosomen **(interchromosomale Rekombination)**.

Gleichzeitig erfolgt bei der Tetradenbildung häufig zwischen Nicht-Schwesterchromatiden eine gegenseitige Überkreuzung **(Chiasma)**. Die überkreuzten Segmente werden ausgetauscht und verbleiben bei der anschließenden Trennung beim jeweils anderen homologen Chromosom **(intrachromosomale Rekombination)**. Dieser Stückaustausch zwischen väterlichem und mütterlichem Chromosom wird auch als **Crossing-over** bezeichnet.

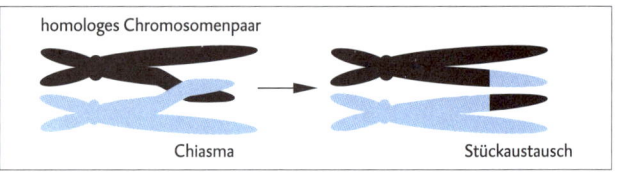

homologes Chromosomenpaar

Chiasma   Stückaustausch

Crossing-over

2. Reifeteilung (Äquationsteilung)

In dieser Phase der Meiose werden nun in den beiden entstandenen Zellen die Schwesterchromatiden eines Chromosoms auf wiederum zwei Tochterzellen verteilt (analog zur Mitose, (siehe (1) S. 22).
Alle Keimzellen enthalten also ein Einchromatid-Chromosom, das nach der Befruchtung durch DNA-Replikation (siehe S. 18 f.) wieder zum Zweichromatid-Chromosom vervollständigt wird.

Bildung von Eizellen und Spermien

Bei der Bildung von Eizellen (Oogenese) und Spermien (Spermatogenese) gibt es Unterschiede in der Verteilung des Zellplasmas. Bei der **Spermatogenese** entstehen während der Teilungen vier gleichwertige Keimzellen, die sich zu Spermien umwandeln. Die **Oogenese** dagegen führt bereits während der Reduktionsteilung zur Bildung einer Zelle, die fast die gesamte Masse des Zytoplasmas erhält, und eines sogenannten Pol- oder Richtungskörperchens. Die größere Zelle spaltet in der zweiten Teilungsphase nochmals ein Polkörperchen ab. Die Polkörperchen lösen sich auf und als Ergebnis liegt dann eine massereiche Eizelle vor.

Bei der Befruchtung entsteht aus der Verschmelzung einer haploiden Eizelle und eines haploiden Spermiums eine diploide Zygote (siehe S. 58).

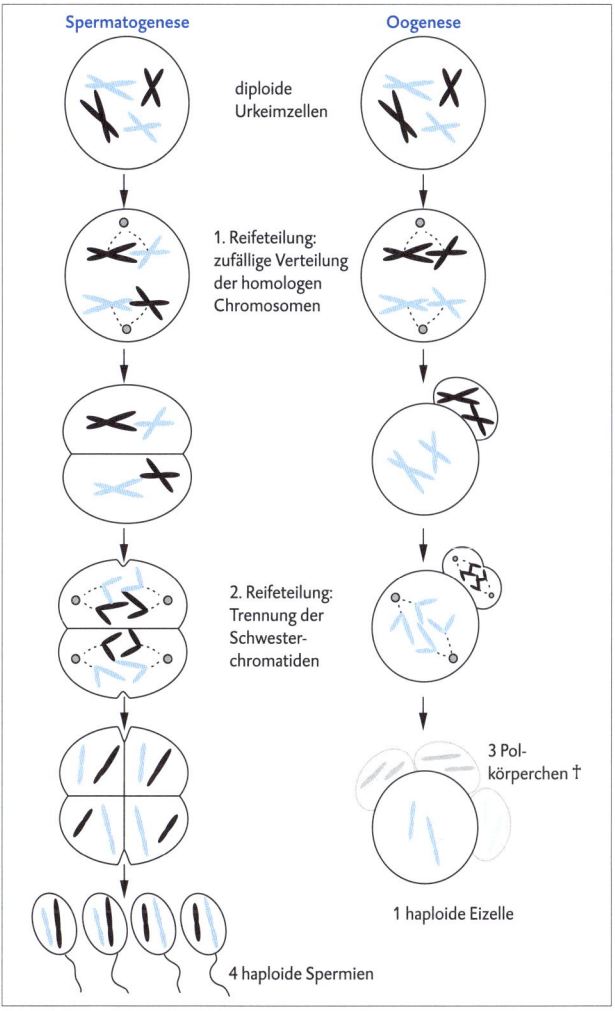

Spermatogenese

Oogenese

diploide
Urkeimzellen

1. Reifeteilung:
zufällige Verteilung
der homologen
Chromosomen

2. Reifeteilung:
Trennung der
Schwester-
chromatiden

3 Pol-
körperchen †

1 haploide Eizelle

4 haploide Spermien

Ablauf der Meiose

2.3   Genkopplung

Der amerikanische Biologe T. H. MORGAN (1866–1945) beobachtete bei seinen Arbeiten mit der Taufliege *Drosophila melanogaster* Einschränkungen der Gültigkeit der 3. mendelschen Regel. In diesen Versuchen konnte er feststellen, dass einige Merkmale nicht unabhängig voneinander, sondern immer wieder in denselben Gruppen zusammen vererbt wurden.

Die Erklärung für dieses Phänomen liegt in der **Genkopplung**: Die beobachteten Allele befanden sich auf dem gleichen Chromosom und wurden deshalb fast immer gemeinsam vererbt. Alle auf einem Chromosom liegenden Gene bilden eine sogenannte **Kopplungsgruppe**.

MORGAN bemerkte aber auch, dass es zu einem **Kopplungsbruch** kommen kann: Durch Crossing-over gelangen einzelne Allele auf andere (homologe) Chromosomen. Sie sind jetzt von den anderen Allelen ihres ursprünglichen Chromosoms entkoppelt und werden unabhängig von diesen vererbt. Die Anzahl der Entkoppelungen nimmt mit zunehmender Entfernung zwischen den betreffenden Genen zu, da die Wahrscheinlichkeit für ein Crossing-over größer wird.

Man kann dies ausnutzen, um den relativen Abstand von Genen auf einem Chromosom zu ermitteln. MORGAN stellte durch Ermittlung der Austauschwerte für eine Reihe von Genen **Genkarten** der Taufliege auf.

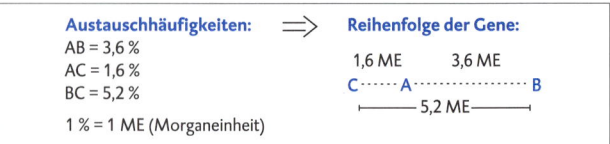

Dreipunktanalyse zur Erstellung einer Genkarte

2.4   Chromosomengebundene Vererbung von Krankheiten beim Menschen

Mit der Erforschung von Erbgängen, zumeist von Erbkrankheiten, beim Menschen beschäftigt sich die **Humangenetik**. Die „Werkzeuge" der Humangenetiker sind **Stammbäume**, die anhand konkreter Familiendaten erstellt werden und aus denen sich der Vererbungsmodus einer Krankheit sowie die Wahrscheinlichkeit des Auftretens der Krankheit bei den Nachkommen entnehmen lässt.

Autosomal-dominante Vererbung

Als Beispiel für einen Familienstammbaum soll die Erbfolge in einer Familie mit **Brachydaktylie** (Kurzfingrigkeit) dargestellt werden. Bei dieser Erbkrankheit sind einzelne bzw. mehrere Finger oder Zehen verkürzt.

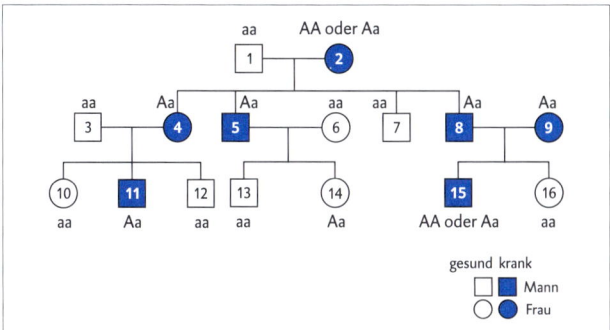

Möglicher Stammbaum einer autosomal-dominanten Vererbung (z. B. Brachydaktylie)

Aus dem Stammbaum wird ersichtlich, dass die Brachydaktylie autosomal-dominant vererbt wird. Sie tritt unabhängig von den Eltern bei beiden Geschlechtern (autosomal) und bei eindeutig Heterozygoten (dominant) auf. Würde die Krankheit rezessiv vererbt, könnten erkrankte Elternpaare (8, 9) keine gesunden Kinder (16) haben (da bei ihnen dann das rezessive Allel reinerbig vorliegen müsste, um die Krankheitssymptome hervorzurufen). Würde das Gen geschlechtsgebunden vererbt, könnte ein kranker Vater (5, 8) keine gesunde Tochter (14, 16) haben, da diese auf jeden Fall eines ihrer X-Chromosomen vom Vater bekommt.

Autosomal-rezessive Vererbung

Phenylketonurie (PKU) ist eine rezessiv vererbte Krankheit, bei der die homozygoten Träger des rezessiven Allels aufgrund eines Enzymdefektes die Aminosäure Phenylalanin nicht zu Tyrosin umsetzen können (siehe S. 24, 35). Durch alternative Stoffwechselwege wird überschüssiges Phenylalanin zu Phenylbrenztraubensäure umgesetzt, die sich in Blut und Gehirnflüssigkeit anreichert und dort zu Entwicklungsstörungen, Pigmentierungsstörungen und Schwachsinn führen kann.

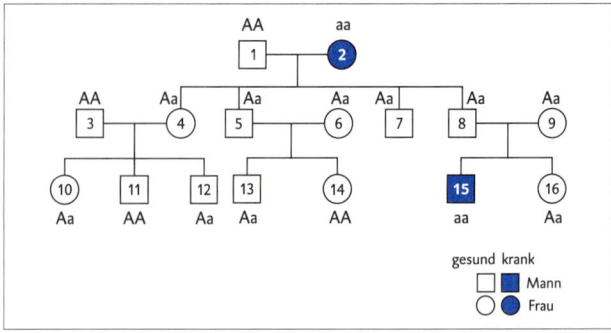

Möglicher Stammbaum einer autosomal-rezessiven Vererbung (z. B. PKU)

Liegt ein autosomal-rezessiver Erbgang vor, sind die Merkmalsträger in jedem Fall homozygot (2, 15). Phänotypisch völlig gesunde Personen können homozygot gesund oder aber heterozygote Merkmalsüberträger, sog. **Konduktoren**, sein. Treffen zwei Konduktoren aufeinander (8, 9), so wird die Erbkrankheit in der nächsten Generation mit einer gewissen Wahrscheinlichkeit wieder in Erscheinung treten (15).

X-chromosomal-rezessive Vererbung
Zu den geschlechtsgebunden vererbten Krankheiten gehört die **Bluterkrankheit** (Hämophilie). Aufgrund einer Störung des Blutgerinnungssystems (Bildung von zu wenig Gerinnungsfaktor VIII oder IX) zeigen Menschen mit Bluterkrankheit bereits bei geringen äußeren oder inneren Verletzungen unstillbare Blutungen.

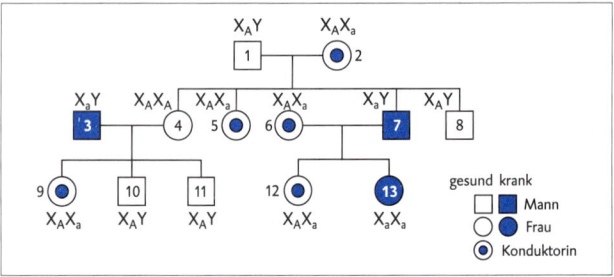

Möglicher Stammbaum einer gonosomal-rezessiven Vererbung (z. B. Hämophilie)

Den rezessiven Charakter der Vererbung erkennt man daran, dass heterozygote Frauen nur Konduktorinnen sind (z. B. 2, 6). Die Erkrankung tritt bei ihnen phänotypisch nicht auf, sie können diese aber an ihre Nachkommen weitergeben. Da Männer nur ein X-Chromosom haben, erkranken sie, weil sie das rezessive Allel von der Mutter erben (7). Ihre Hemizygotie (in ihren Zellen liegt nur eine Kopie des Allels vor) verhindert, dass das defekte rezessive Allel „ausgeglichen" werden kann. Frauen dagegen erkranken nur, wenn sie auch vom Vater ein X-Chromosom mit dem rezessiven Allel erhalten (13).

Genetische Beratung

Liegen in einer Familie Erbkrankheiten vor, können sich zukünftige Eltern bezüglich des Risikos, mit dem sie diese Krankheit an ihre Kinder vererben werden, beraten lassen. Bei monogenen Erbkrankheiten wie den oben beschriebenen kann eine **Stammbaumanalyse** helfen, die Wahrscheinlichkeit zu bestimmen, mit der die Nachkommen erkrankt sein werden. Bei rezessiv vererbten Krankheiten ist es dazu manchmal nötig, mit dem sog. **Heterozygotentest** erst einmal herauszufinden, ob phänotypisch gesunde Elternteile möglicherweise Konduktoren sein können (z. B. bei der PKU, siehe S. 13, 35).

Im Rahmen einer **pränatalen Diagnostik** wird der Fetus z. B. mithilfe von Ultraschall, Amniozentese (Fruchtwasseruntersuchung) oder Chorionzottenbiopsie (Entnahme von Embryohüllzellen) auf genetische Defekte untersucht. Dies ist vor allem angebracht, wenn Schädigungen des Kindes aufgrund erhöhten Alters der Eltern oder durch ungünstige Einflüsse vor oder während der Schwangerschaft befürchtet werden.

Extrachromosomale Vererbung

Erbmaterial kommt in eukaryotischen Zellen auch außerhalb des Zellkerns vor. Diese nicht in Chromosomen vorliegende, plasmatische oder extrachromosomale DNA befindet sich in den Mitochondrien und bei Pflanzen zusätzlich in den Plastiden. Die ringförmige mitochondriale (oder plastidäre) DNA steuert die Biosynthese eines Teils der in diesen Organellen benötigten Proteine. Die meisten Gene des Organellen-Genoms sind allerdings im Laufe der Evolution in den Zellkern exportiert worden (Semiautonomie, siehe (1) S. 5 f.). Die in den Mitochondrien enthaltene DNA wird zusammen mit diesem Organell fast ausschließlich über die plasmareichen Eizellen in die nächste Generation übertragen. Die maternale Vererbung **(Matroklinie)**, z. B. einiger mitochondrialer Atmungsdefekte, folgt daher nicht den mendelschen Regeln.

3 Molekulargenetik

Die Speicherung und Weitergabe der Erbinformation sowie die Realisierung der „genetischen Programme" ist an Nukleinsäuren gebunden. Dass Nukleinsäuren und nicht Proteine der Speicher der genetischen Information sind, wurde erst 1943 von AVERY in Experimenten mit Bakterien nachgewiesen: Er übertrug in zwei Ansätzen ein Protein- bzw. Nukleinsäure-Extrakt von infektiösen S-Pneumokokken (s = *smooth,* mit schleimiger Außenhülle, welche die Infektion ermöglicht) auf nicht krankheitserregende R-Pneumokokken (r = *rough,* ohne Außenhülle). Nur die Übertragung von Nukleinsäuren (genauer: DNA) konnte die R-Pneumokokken in die infektiöse S-Form überführen. Damit war klar, dass nur in den Nukleinsäuren, nicht aber im Protein, die Erbinformation „krankheitserregend" gespeichert sein konnte.

3.1 Struktur der Nukleinsäuren

Nukleinsäuren sind lange Ketten aus miteinander verknüpften Nukleotiden (siehe (1) S. 14). Die vier verschiedenen Monomere sind über Phosphodiester-Brücken zwischen den 3. und 5. Kohlenstoffatomen der Zuckermoleküle verbunden. Daraus ergibt sich eine immer gleiche Polarität der Nukleinsäuren und ihre zwei unterschiedlichen Enden werden mit 3' und 5' bezeichnet.

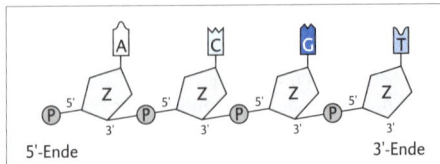

Struktur einer Nukleinsäure

Desoxyribonukleinsäure (DNA)

Die DNA ist die **Speicherform** der Nukleinsäuren in den Chromosomen bzw. den ringförmigen Makromolekülen in Mitochondrien, Plastiden und Bakterien. Ihre besondere Stabilität bekommt die DNA einerseits dadurch, dass ihr Zuckermolekül, die **Desoxyribose** (im Gegensatz zur Ribose), relativ gut gegen basische Angriffe geschützt ist.

Andererseits liegt die DNA als Doppelstrang vor. Die räumliche Struktur wird durch das Watson-Crick-Modell beschrieben: Die beiden Einzelstränge sind in einer **Doppelhelix** schraubenförmig umeinander gewunden. Die beiden Stränge verlaufen antiparallel, d. h., sie erscheinen gegeneinander um 180° gedreht, sodass ein Strang die Orientierung 5' → 3' und der andere die Orientierung 3' → 5' besitzt.

Diese Struktur wird stabilisiert durch die **komplementäre Basenpaarung** zwischen den Pyrimidin- (Thymin und Cytosin) und den Purinbasen (Adenin und Guanin) der DNA. Adenin (A) und Thymin (T) bilden untereinander zwei, Guanin (G) und Cytosin (C) untereinander drei Wasserstoffbrückenbindungen aus. Aus diesem Grund beträgt das molare Verhältnis von A:T und auch das von C:G in der DNA immer 1:1 (Chargaff-Regel).

Durch Hitze können die Wasserstoffbrücken gespalten und die DNA damit in die Einzelstränge zerlegt werden. Die höhere Anzahl der Wasserstoffbrücken bewirkt, dass DNA mit einem hohen Gehalt an GC einen höheren Schmelzpunkt hat als DNA mit hohem AT-Gehalt.

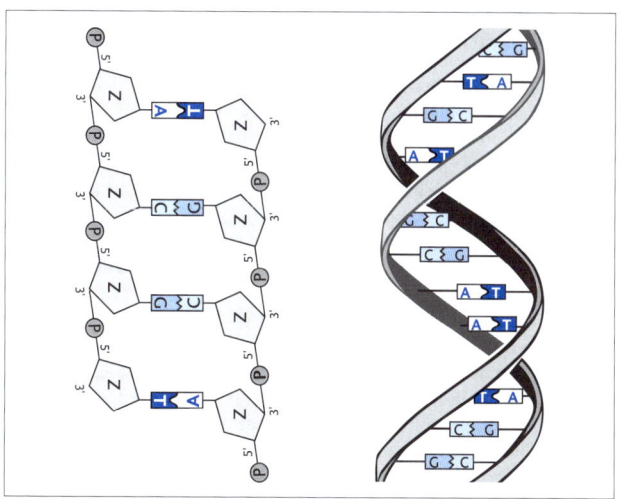

Antiparalleler Verlauf der beiden DNA-Einzelstränge und DNA-Doppelhelix

Ribonukleinsäure (RNA)

Die „**Arbeitsform**" der Nukleinsäuren, die RNA, ist im Allgemeinen wesentlich kürzer und weniger stabil als die DNA. Sie unterscheidet sich von der DNA darin, dass sie **Ribose** (statt Desoxyribose) als Zucker enthält und generell nur **einzelsträngig** vorliegt. Innerhalb dieses Einzelstranges kann es aber zu Schleifenbildung durch komplementäre Basenpaarung kommen (Struktur der tRNA, S. 22). Anstelle von Thymin enthält die RNA das ähnliche **Uracil**, das ebenfalls komplementär zu Adenin ist.

RNA wird im Zellkern als Kopie der DNA hergestellt (Transkription, S. 20 f., 22). Es gibt drei verschiedene Arten von RNA, die alle in unterschiedlicher Weise an der Proteinsynthese beteiligt sind: Die **mRNA** (Messenger- oder Boten-RNA) überträgt eine Kopie eines Gens an die Orte der Proteinbiosynthese, die Ribosomen. Diese wiederum sind aus Proteinen und **rRNA** (ribosomaler RNA) aufgebaut. Die **tRNA** (Transfer-RNA) vermittelt in der Proteinbiosynthese zwischen der mRNA und dem entstehenden Protein (Translation, S. 21 f.).

3.2   Replikation der DNA

Die Replikation ist die identische Verdoppelung der DNA in der Interphase vor einer Zellteilung. Auf diese Weise wird aus dem Einchromatid-Chromosom ein Zweichromatid-Chromosom und beide Tochterzellen können bei der Mitose die identische Erbinformation erhalten (siehe (1) S. 22). Die Replikation erfolgt **semikonservativ**. Das heißt, dass nach Aufspaltung der Doppelhelix an jedem der beiden Stränge ein neuer komplementärer Strang entsteht. Die beiden daraus resultierenden Doppelhelices bestehen also jeweils aus einem „alten" und einem „neuen" Strang.

Nachgewiesen wurde der semikonservative Mechanismus der DNA-Replikation durch die Versuche von MESELSON und STAHL (1958). Durch Zugabe des schweren Stickstoff-Isotops ^{15}N zum Kulturmedium markierten sie die DNA-Moleküle von Bakterien. Danach wurden die Bakterien auf ein Medium mit dem leichteren Isotop ^{14}N überführt. Nach der ersten Zellteilung wurde die DNA isoliert und ihre Molekularmasse durch Dichtegradientenzentrifugation bestimmt. Es zeigte sich, dass es keine schweren und leichten, sondern nur „halbschwere" DNA-Moleküle gab. Diese konnten nur durch Kombination eines „alten, schweren" mit einem „neuen, leichten" DNA-Strang zustande gekommen sein.

Ablauf der Replikation

Die Herstellung einer DNA-Kopie läuft in folgenden Schritten ab:

- Die DNA-Doppelhelix wird durch Enzyme (Helicase) **entspiralisiert**. Dabei werden gleichzeitig die Wasserstoffbrückenbindungen zwischen den komplementären Basen unter ATP-Verbrauch aufgespalten. Die entstandene Struktur wird als **Replikationsgabel** bezeichnet. Die Öffnung der DNA geht bei Prokaryoten nur von einer sog. Origin-of-Replication-Region *(ori)* und bei Eukaryoten auf jedem Chromosom von mehreren Stellen (Replikons) aus.
- Die getrennten Einzelstränge dienen nun als **Matrize** für die Erstellung eines komplementären Stranges. Freie Desoxy-Nukleosid-Triphosphate (dATP, dTTP, dCTP, dGTP) lagern sich an die freiliegenden Basen an und die DNA-Polymerase verknüpft die Nukleotide miteinander, wobei jeweils ein Pyrophosphatrest (zwei aneinander gebundene Phosphate) abgespalten wird. Diese Neusynthese erfolgt immer in 5' → 3'-Richtung.
- Die Synthese kann nur am sogenannten Führungsstrang (3' → 5') kontinuierlich in 5' → 3'-Richtung erfolgen. Am anderen Strang (Folgestrang), der ebenfalls in der gleichen Richtung transkribiert werden muss, findet die Neusynthese diskontinuierlich in Stücken **(Okazaki-Fragmenten)** statt. Die Stücke werden anschließend von der DNA-Ligase unter ATP-Verbrauch verbunden.

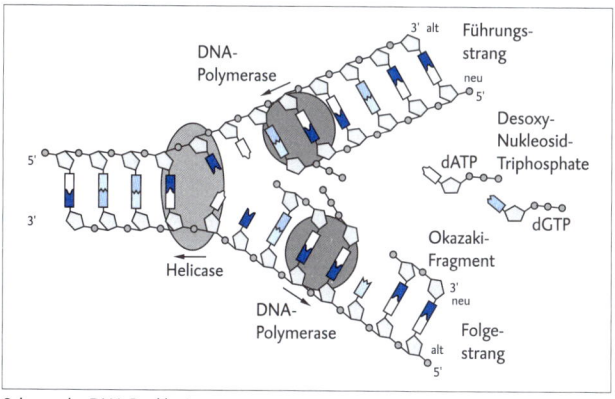

Schema der DNA-Replikation

3.3 Genexpression

Bei der Genexpression wird der genetische Code realisiert, d. h., die Basensequenz eines Gens wird in die Aminosäuresequenz eines Polypeptids übersetzt. Der Informationsfluss in der Zelle erfolgt dabei immer nur in einer Richtung: DNA → RNA → Protein.

Ein **Gen** ist in der allgemeinen Form definiert als DNA-Abschnitt, der in eine RNA umgeschrieben wird. Dies umfasst mRNAs, die anschließend in Polypeptide übersetzt werden, aber auch rRNAs, tRNAs und andere RNA-Formen, die z. B. an der Genregulation beteiligt sind. RNAs und Proteine werden auch primäre und sekundäre **Genprodukte** genannt.

Nach der **„Ein-Gen-ein-Polypeptid"-Hypothese** wird der Begriff Gen enger gefasst und nur für diejenigen DNA-Abschnitte verwendet, welche die Information für die Bildung eines Polypeptids beinhalten; also lediglich diejenigen Sequenzen, die zur mRNA umgeschrieben werden.

Transkription

Der erste Schritt der Umsetzung der in der DNA gespeicherten genetischen Information ist die Abschrift von DNA-Sequenzen (Genen) in ihre Transport- und Arbeitsform, die RNA (vgl. Abb. S. 22).

Prinzipiell läuft die Transkription ähnlich ab wie die Replikation der DNA; im Gegensatz dazu wird aber nur einer der beiden DNA-Einzelstränge, der **codogene Strang** (Matrizenstrang), abgelesen. Zu ihm komplementäre RNA-Nukleotide werden von der RNA-Polymerase (Transkriptase) miteinander verknüpft. Bis auf die Vertauschung von T und U ist die RNA also eine identische Kopie des zur Matrize komplementären DNA-Stranges (auch **codierender Strang** genannt). Welcher der beiden Stränge codogen ist und abgelesen wird, hängt davon ab, wo sich eine Bindestelle für die RNA-Polymerase befindet. Die Startstelle der Transkription ist ein sog. **Promotor**, eine kurze Basensequenz, die den Beginn eines Gens kennzeichnet und an die die RNA-Polymerase binden kann. Auch das Ende der Transkription wird durch eine bestimmte Basensequenz angezeigt (Terminator-Sequenz).

Bei Bakterien ist die fertige mRNA immer deckungsgleich mit der kopierten DNA-Sequenz (abgesehen von T/U). Bei Eukaryoten ist die reife mRNA-Kopie meist kürzer als das Original. Hier gibt es innerhalb von Genen Sequenzen, die nach der Transkription aus der RNA entfernt werden **(Introns)**. Bei diesem Prozess, der **Spleißen** genannt wird, bildet die mRNA an bestimmten Basenfolgen Schleifen, die dann enzymatisch herausgeschnitten werden. Die übrig bleibenden Sequenzen **(Exons)** werden vom gleichen Enzym miteinander verknüpft und verlassen erst danach den Zellkern. Introns werden zurzeit intensiv erforscht, da sie offenbar mehr sind als nur „DNA-Müll" (Junk-DNA) und wahrscheinlich Regulationsaufgaben bei der Genexpression übernehmen.

Proteinbiosynthese – Translation

Im nächsten Schritt der Genexpression wird die in der mRNA-Nukleotidsequenz enthaltene Information in eine Aminosäuresequenz übersetzt. Die Aminosäuresequenz entscheidet über die Struktur des gebildeten Proteins und damit über dessen Funktion (siehe (1) S. 8 f.).

Als „Übersetzer" der Basensequenz der mRNA in die Aminosäuresequenz des Polypeptids dienen die **tRNAs**. Diese kleinen RNA-Moleküle haben eine typische Kleeblatt-Struktur, die durch Basenpaarung des RNA-Einzelstranges zustande kommt. An der mittleren Schleife enthält die tRNA eine Sequenz aus drei Basen (ein Triplett), das sich an ein komplementäres Triplett der mRNA binden kann.

Im Zellplasma werden die tRNAs an speziellen Enzymen, den tRNA-Aminoacyl-Synthetasen, an ihrem 3'-Ende mit einer der 20 proteinogenen Aminosäuren beladen. Das Enzym erkennt die richtigen tRNAs hauptsächlich an der Form ihrer Schleifen und verknüpft diese unter ATP-Verbrauch mit der COOH-Gruppe der passenden Aminosäure.

Auf diese Weise wird gewährleistet, dass jedem Basentriplett (Codon) auf der mRNA über das komplementäre Triplett auf der tRNA (Anticodon) spezifisch eine Aminosäure zugeordnet werden kann.

Die Proteinsynthese erfolgt an den Ribosomen in folgenden Schritten:

- An einem **Start-Codon** auf der mRNA, normalerweise AUG, treten die mRNA, die beiden Untereinheiten des Ribosoms und eine sog. Initiations-tRNA, die mit der Aminosäure (Formyl-)Methionin beladen ist, zusammen und bilden einen funktionsfähigen Proteinbiosynthese-Apparat. Formyl-Methionin ist die erste Aminosäure fast aller Bakterienproteine, bei Eukaryoten ist es meist Methionin.
- Die Initiations-tRNA liegt nun in der sog. P-Stelle des Ribosoms. An der A-Stelle bindet jetzt eine mit einer Aminosäure beladene tRNA, deren **Anticodon** komplementär zum nächsten **Codon** der mRNA ist.
- Die COOH-Gruppe des an der P-Stelle gebundenen (Formyl-)Methionins wird mit der NH_2-Gruppe der Aminosäure an der A-Stelle durch eine **Peptidbindung** verknüpft. (Formyl-)Methionin löst dabei seine Bindung zur Initiations-tRNA. Das Polypeptid wächst von seinem N- zum C-Terminus (vom Amino- zum Carboxyl-Ende).

- Das Ribosom wandert auf der mRNA unter Energieverbrauch ein Codon weiter. Dabei rückt die tRNA mit der wachsenden Peptidkette an die P-Stelle und die „leere" Initiations-tRNA verlässt das Ribosom.
- Jetzt wiederholt sich der Vorgang der Anbindung einer komplementären tRNA und der Verknüpfung der Aminosäuren, bis ein Codon in die A-Stelle rückt, zu dem es keine tRNA mit passendem Anticodon gibt. An diesem sog. **Stopp-Codon** bricht die Proteinbiosynthese ab und der gesamte Komplex zerfällt in seine Einzelteile.

Wandern mehrere Ribosomen auf diese Weise gleichzeitig auf einer mRNA entlang **(Polysomen)**, kann die Proteinbiosyntheserate stark erhöht werden. Die entstehenden Polypeptide nehmen schon während der Synthese an den Ribosomen die durch ihre Aminosäuresequenz festgelegte Sekundär- und Tertiärstruktur ein. Nach der Ablösung vom Ribosom können die Proteine zusätzlich noch durch verschiedene Enzyme modifiziert werden, sodass sie ihre endgültige Form erhalten.

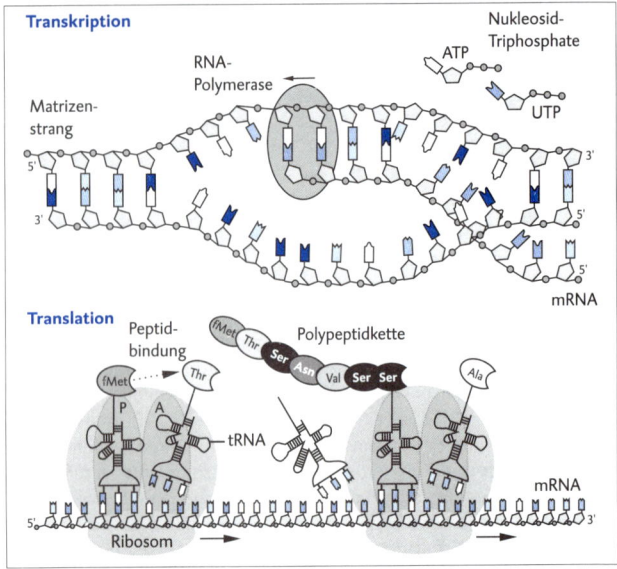

Genexpression

Genetischer Code

Der genetische Code ist die „Übersetzungsvorschrift", nach der die Basensequenz in eine Aminosäuresequenz umgewandelt wird. Der genetische Code hat einige Eigenschaften, die im Zusammenhang mit seiner Funktion stehen. Er ist

- **ein Triplettcode:** Das bedeutet, dass immer drei Basen eine elementare Informationseinheit bilden und für eine Aminosäure codieren. Bei vier Nukleotiden ergeben sich somit $4^3 = 64$ verschiedene Codons. Von diesen codieren 61 für Aminosäuren, die drei Stopp-Codons UAA, UAG und UGA zeigen das Ende eines abzulesenden Abschnitts an. Zwei Codons, AUG und GUG, stehen außer für eine Aminosäure (Methionin bzw. Valin) auch als Start-Codons am Anfang eines Übersetzungsbereiches.

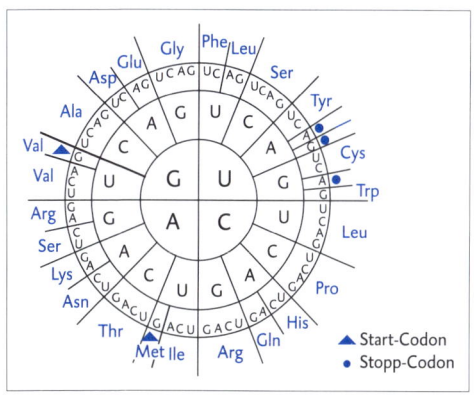

„Code-Sonne", die Triplett-Sequenz wird von innen nach außen gelesen

▲ Start-Codon
● Stopp-Codon

Wie der genetische Code in den verschiedenen Stadien der Genexpression weitergegeben wird, kann an einem **Beispiel** verdeutlicht werden:

DNA (nicht codogen)   5'...ATG ACT TCT AAC GTA TCG...3'

DNA (codogen)   3'...TAC TGA AGA TTG CAT AGC...5'

mRNA (Codon)   5'...AUG ACU UCU AAC GUA UCG...3'

tRNA (Anticodon)   UAC UGA AGA UUG CAU AGC

Peptid (Aminosäuren) H_2N- (f)Met – Thr – Ser – Asn – Val – Ser –COOH

- **kommafrei:** Die Basentripletts werden durchgehend abgelesen. Es gibt keine Trennzeichen und auch keine Überlappungen zwischen den Codons. Ausgenommen von dieser Regel sind allein einige Viren, die mit Überlappungen zwischen einzelnen Codons ihr Genom auf ein Mindestmaß verkleinern konnten.
- **degeneriert:** Da es 61 Aminosäure-Codons aber nur 20 proteinogene Aminosäuren gibt, existieren für die meisten Aminosäuren mehrere Codons. Für jedes der 61 Codons gibt es eine eigene tRNA, sodass die meisten Aminosäuren mit mehr als einer tRNA verbunden werden können.

  Diejenigen Tripletts, die gemeinsam für ein und dieselbe Aminosäure codieren, unterscheiden sich häufig nur in der jeweils 3. Base (z. B. codieren CUA, CUU, CUC und CUG für Prolin). Diese Tatsache bedingt, dass nicht jeder Basenaustausch (Mutation, siehe S. 30 f.) eine Änderung der Aminosäuresequenz des Proteins nach sich zieht.
- **universell:** Fast alle Organismen benutzen den gleichen genetischen Code, d. h., gleiche Tripletts codieren bei ihnen für die gleichen Aminosäuren. Dies spricht dafür, dass alle Lebewesen einen gemeinsamen Vorfahren hatten, von dem sie den Code geerbt haben (siehe S. 108 f.).

3.4 Genwirkketten

An der Ausbildung von Merkmalen sind bei Lebewesen zumeist mehrere Gene beteiligt (Polygenie, siehe S. 5). Dies erklärt sich u. a. dadurch, dass Stoffwechselwege aus mehreren hintereinander geschalteten Enzymen bestehen, die alle durch mindestens ein Gen in der DNA codiert sind ("Ein-Gen-ein-Polypeptid"-Hypothese, siehe S. 20).

Ist eines dieser Gene durch eine Mutation gestört, so kann das Merkmal nicht richtig ausgebildet werden; der Stoffwechsel ist an der Stelle des entsprechenden Enzyms blockiert **(Stoffwechselblock)**. Ist z. B. beim Phenylalaninstoffwechsel das Gen A betroffen, so ist das Enzym defekt, das normalerweise Phenylalanin aus der Nahrung in Tyrosin umwandelt (Phenylalaninhydroxylase, siehe S. 34 f.). Das überschüssige Phenylalanin wird stattdessen in Phenylbrenztraubensäure (Phenylketon) umgebaut, die bei starker Anreicherung zu Zellschädigungen führen kann. Folge der **Phenylketonurie** (PKU) kann eine starke geistige Behinderung der betroffenen Person sein.

Weiterhin steht Tyrosin in wesentlich geringerer Menge zur Verfügung, sodass die nachfolgenden Stoffwechselschritte ebenfalls betroffen sind.

Dadurch, dass folglich weniger Melanin (Hautpigment) und Thyroxin (Schilddrüsenhormon, siehe (1) S. 88) gebildet werden, kommt es zu den für die PKU typischen Pigmentierungs- und Entwicklungsstörungen. Alle Gene, die über die von ihnen codierten Enzyme einen zusammenhängenden Stoffwechselweg steuern, bilden also eine **Genwirkkette**, bei der die Wirkung der Gene voneinander abhängig ist.

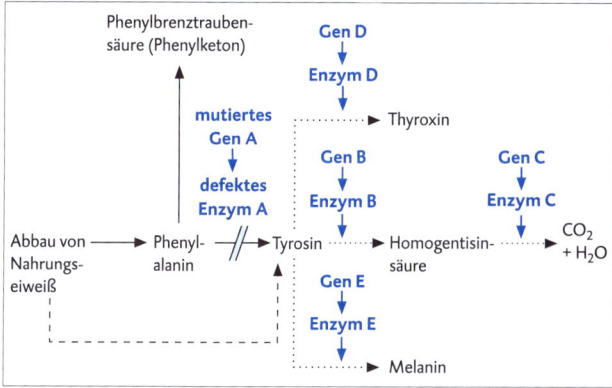

Genwirkkette am Beispiel des Phenylalaninstoffwechsels

3.5 Genregulation

Manche Enzyme, wie die des Phenylalaninstoffwechsels, werden in einem Organismus ständig gebraucht. Das heißt, dass auch die codierenden Enzyme **konstitutiv**, d. h. ständig, exprimiert werden.

Das Genom eines Organismus beinhaltet aber auch sehr viele Gene, deren Genprodukte nicht zu jeder Zeit gebraucht werden. Beispielsweise müssen bestimmte Enzyme nur dann synthetisiert werden, wenn der entsprechende Stoffwechselweg auch ablaufen soll. Da Proteine nur eine relativ kurze Lebensdauer haben, muss ihre Synthese bei Bedarf schnell und im richtigen Maß angeschaltet werden. Bei Prokaryoten sind Gene, die einen zusammenhängenden Stoffwechselweg steuern, häufig in einer gemeinsamen Regulationseinheit, dem sog. Operon, zusammengefasst. Die Regulation der Genaktivität erfolgt in diesem Fall entsprechend dem **Operon-Modell** von JACOB und MONOD.

Substratinduktion

Bei dieser Form der Genregulation veranlasst ein Substrat (Induktor) die Synthese von abbauenden Enzymen, z. B. initiiert Lactose im Kulturmedium von *E. coli*-Bakterien u. a. die Bildung der β-Galactosidase (spaltet Lactose in Glucose und Galactose).

Die **Strukturgene** (S1–S3), die für Lactose abbauende Enzyme codieren, sind in einem **Operon** zusammengefasst. Vor den Strukturgenen liegt eine **Operatorsequenz** (O), die zusammen mit einem Repressorprotein und dem Substrat über die Aktivität der Strukturgene entscheidet. Die Information für das aktive Repressorprotein ist in einem dem Operon vorgeschalteten **Regulatorgen** (R) codiert. Liegt keine Lactose im Kulturmedium der Bakterien vor, bindet der **Repressor** an den Operator und verhindert so die Ablesung der Strukturgene durch die RNA-Polymerase.

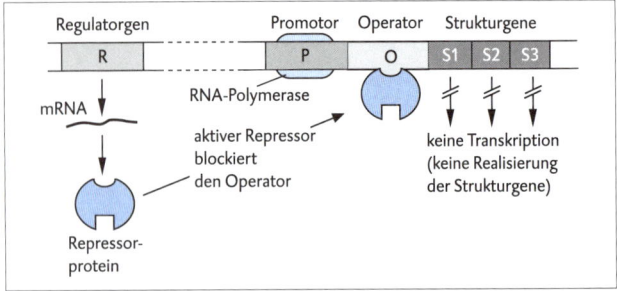

Genregulation durch Substratinduktion: Blockierung der Strukturgene bei aktivem Repressor

Wenn das Substrat Lactose in die Zellen aufgenommen wird, wirkt es als **Induktor** für den abbauenden Stoffwechselweg, indem es an den Repressor bindet. Das **allosterische** Repressorprotein (siehe (1) S. 34) wird auf diese Weise deaktiviert und kann nicht mehr an die Operatorsequenz binden. Dadurch wird die Blockade der Strukturgene aufgehoben und die RNA-Polymerase kann ausgehend vom Promotor (P) die Strukturgene ablesen und die mRNA für die abbauenden Enzyme synthetisieren.

Ist die Lactose verbraucht, wird das Repressorprotein wieder aktiv und blockiert erneut das Lactose (*lac*)-Operon.

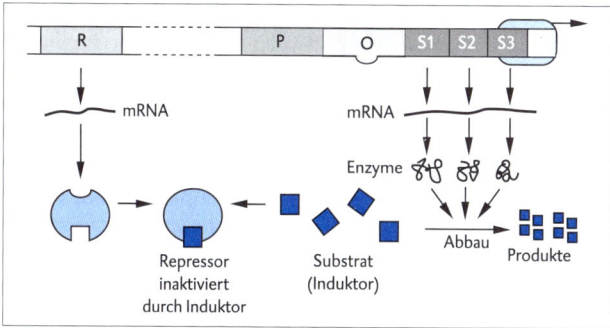

Genregulation durch Substratinduktion: Ablesung der Strukturgene bei inaktivem Repressor

Endproduktrepression

In diesem Fall wird die Bildung von aufbauenden Enzymen durch das Endprodukt des Stoffaufbauweges gehemmt.

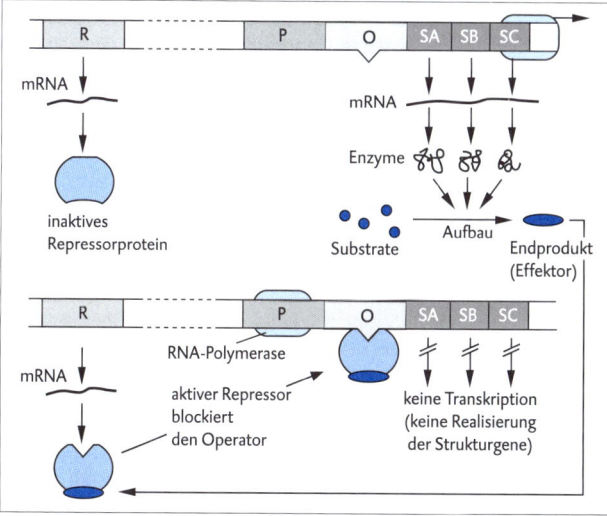

Genregulation durch Endproduktrepression

Grundlage der Regulation ist wiederum ein Operon mit den oben beschriebenen funktionellen Einheiten. Im Gegensatz zur Regulation
durch Substratinduktion liegt der Repressor hier aber zunächst in inakti-
ver Form vor und wird erst durch die Bindung eines sog. **Effektors**
(Endprodukt des Stoffwechselweges) aktiviert.

Die Hemmung der Tryptophansynthese durch das Endprodukt dieses
Syntheseweges, die Aminosäure Tryptophan (Trp), ist ein typisches Beispiel für eine Endproduktrepression. Das inaktive Repressorprotein wird
durch die Anlagerung von Trp aktiviert und verhindert durch Blockade
des Operators die weitere Herstellung der zur Trp-Synthese notwendigen Enzyme. Sinkt infolgedessen die Trp-Konzentration in der Zelle, so
fällt der Repressor zurück in den inaktiven Zustand und das *trp*-Operon
wird wieder „angeschaltet".

Aktivatorproteine

Die Genregulation bei Prokaryoten verläuft, wie im vorherigen Abschnitt beschrieben, nach relativ einfachen Mechanismen und erfolgt
meist negativ, d. h., die Bindung eines Repressors an einen Operator verhindert die Transkription von Strukturgenen. Es gibt aber auch den umgekehrten Fall, bei dem die Transkription erst durch ein sog. Aktivator-
protein möglich wird **(positive Genregulation)**. Dieses wird, ähnlich
wie ein Repressor, von einem Regulator-Gen codiert und durch einen
Induktor bzw. Effektor kontrolliert. In seinem aktiven Zustand vermittelt der Aktivator die Bindung der RNA-Polymerase an eine (ansonsten
zu schwache, s. u.) Promotor-Sequenz und ermöglicht so die Ablesung
von Strukturgenen.

Genregulation bei Eukaryoten

Das Genom der Eukaryoten ist um ein Vielfaches größer als das der
Prokaryoten. Da zu einem Zeitpunkt immer nur etwa 7 % aller Gene aktiv sind, ist es energetisch vorteilhaft, diese Gene gezielt anzuschalten
(anstatt alle anderen Gene abschalten zu müssen). Die Genregulation
erfolgt bei Eukaryoten daher meist **positiv** mithilfe von Aktivatorprotei-
nen und beruht insgesamt auf wesentlich komplexeren Mechanismen
als den bei Prokaryoten beobachteten.

Die Regulation der Genaktivität ist Voraussetzung für die **differenzielle
Genexpression**, d. h. für die in verschiedene Zellen eines Organismus
beobachteten unterschiedlichen „Muster" von Genprodukten (RNAs
und Proteine), die von Signalen aus dem Körper oder aus der Umwelt
abhängig sind. Erst über diese Muster wird z. B. die komplexe Entwick-

lung mehrzelliger Organismen möglich, bei der jede Zelle (bei gleicher genetischer Ausstattung) ihre spezifische Funktion wahrnimmt. Um bei Eukaryoten eine differenzielle Genexpression zu bewirken, gibt es verschiedene Ansatzpunkte, z. B.:

- Da die DNA in Eukaryoten-Zellen als **Chromatin** (DNA-Protein-Komplex, siehe S. 7) vorliegt, müssen die DNA-Bereiche, die transkribiert werden sollen, erst einmal durch Enzyme gezielt „entpackt" und so für die RNA-Polymerase zugänglich gemacht werden. Bei vielen Zweiflüglern (z. B. Taufliege, *Drosophila melanogaster*) werden diese aktiven Bereiche als Puffs, „aufgeblähte" Chromatin-Schleifen, an den Riesenchromosomen sichtbar (siehe S. 63).

- Generell wird die Aktivität eines Gens durch seine „**Promotorstärke**" kontrolliert. Abhängig von der genauen Basensequenz des Promotors (genauer der sog. TATA-Box) kann die RNA-Polymerase mehr oder weniger gut daran binden. Je „stärker" ein Promotor, desto einfacher kann die RNA-Polymerase mit der RNA-Synthese starten.

- Besondere **Transkriptionsfaktoren** (DNA-bindende Proteine) lagern sich nach ihrer eigenen Aktivierung durch spezifische Signale an Kontrollregionen an, die in der unmittelbaren Nähe der Promotoren liegen, und erleichtern oder verzögern so den Start der Transkription. Die Kombination verschiedener Kontrollregionen vor einem Gen ermöglicht eine spezifische Regulation von dessen Aktivität. Gene, die gleichzeitig angeschaltet werden sollen, haben die gleichen oder ähnliche regulatorische Sequenzen.

- Zusätzliche Regulationssequenzen befinden sich oft in anderen, weiter entfernten DNA-Bereichen. Sogenannte *enhancer* (Verstärkerelemente) oder *silencer* (Drosselelemente) sind DNA-Segmente, die die Bindung der RNA-Polymerase an Kontrollregionen spezifisch beschleunigen bzw. verlangsamen können. Aktivatorproteine oder auch **Steroidhormone** (siehe (1) S. 85 f.) können an *enhancer* andocken und diese „aktivieren". Zum Beispiel steuert so das Hormon Östrogen in den Eierstöcken die Produktion des Ovalbumin-Proteins.

- Neben diesen Mechanismen, die auf der Ebene der Transkription erfolgen, gibt es auch die Möglichkeit der **Translationskontrolle**, bei der die Ablesung der mRNA an den Ribosomen auf verschiedene Arten reguliert werden kann.

Störungen in der Genregulation, z. B. durch defekte Transkriptionsfaktoren, können neben Entwicklungsstörungen auch zu Krebserkrankungen führen (siehe S. 34).

3.6 Mutationen

Mutationen sind plötzlich auftretende und teilweise vererbbare Veränderungen der DNA. Aus einem sog. Wildtyp entsteht durch diesen Vorgang eine Mutante. Mutationen treten häufig ohne erkennbaren äußeren Einfluss auf und werden dann **Spontanmutationen** genannt. Grund dieser Veränderungen der Basensequenz sind zumeist zufällig auftretende Fehler bei der Replikation.

Mutationen können aber auch durch auslösende Faktoren, sog. **Mutagene**, hervorgerufen werden. Dabei kommt kurzwelliger, energiereicher Strahlung (UV-, Röntgen- und radioaktiver Strahlung) die größte Bedeutung zu. Die Strahlung verursacht Strangbrüche in der DNA oder Veränderungen in der Molekülstruktur der Basen. DNA-verändernde und damit mutagene Chemikalien wie salpetrige Säure haben ebenfalls Einfluss auf die Basenstruktur. Moleküle mit einer basenähnlichen Struktur (**Basenanaloga**, z.B. 5-Bromuracil oder Acridin) können anstelle der richtigen Basen in die DNA eingebaut werden. Folgen sind in allen Fällen Fehler bei der anschließenden Replikation der DNA. Die Erbinformation einer der Tochterzellen kann auf diese Weise krankhaft verändert sein (siehe S. 33 ff.). In seltenen Fällen kann die Veränderung des Erbgutes aber auch positive Auswirkungen haben; Mutationen werden dadurch auch zu einem Evolutionsfaktor (siehe S. 86 f.).

Man unterscheidet zwei Formen der Mutation nach ihrer Vererbbarkeit: **Somatische Mutationen** treten in Körperzellen auf. Alle Zellen, die durch Mitose aus den mutierten Zellen entstehen, tragen ebenfalls diese Veränderung. Es gibt dann in einem Organismus gleichzeitig mutierte und nicht mutierte Zellen (Mosaiktypus). Bei mehrzelligen Organismen sind solche somatischen Mutationen nicht vererbbar.

Keimbahnmutationen oder **generative Mutationen** entstehen dagegen in Keimzellen. Wenn diese dann zur Fortpflanzung, also in die Keimbahn kommen, sind alle Zellen der betroffenen Nachkommen mutiert.

Je nachdem, in welchem Ausmaß die DNA betroffen ist, unterscheidet man verschiedene Mutationstypen: Gen-, Chromosomen- und Genommutationen.

Genmutation (Punktmutation)

Die häufigsten Mutationen sind Veränderungen im Bereich einzelner Gene. Einzelne Nukleotide können herausbrechen (Deletion), eingefügt (Insertion) oder durch andere ersetzt werden. In der Folge kann es zu einer schwerwiegenden Veränderung des Genproduktes kommen. So kann z. B. bei einem Austausch einer Base gegen eine andere in ein Protein an der entsprechenden Stelle eine falsche Aminosäure eingebaut werden oder ein neu entstandenes Stopp-Codon die Bildung eines Proteins vorzeitig beenden. Wegen der Degeneriertheit des genetischen Codes (siehe S. 24) kann ein Basenaustausch aber auch ohne Folgen für das Protein bleiben, wenn das veränderte Triplett zufällig für die gleiche Aminosäure codiert. Generell ist eine Punktmutation an der 3. Stelle eines Tripletts daher weniger „gefährlich".

Werden an einer Stelle ein, zwei oder mehrere Basen (ungleich drei oder einem Vielfachen von drei) eingefügt oder gehen verloren, so ist die Folge eine **Raster(schub)mutation**. Es kommt zur Verschiebung des Triplett-Ableserasters, sodass ab dieser Stelle die gesamte weitere Aminosäuresequenz des Proteins verändert ist.

Selbst die Veränderung einer einzelnen Aminosäure kann die Sekundär- und Tertiärstruktur eines Proteins verändern, sodass es seine Funktion z. B. als Enzym nicht mehr erfüllen kann. Da viele Enzyme Bestandteil einer Stoffwechselkette sind, können auf diese Weise ganze Synthesewege zusammenbrechen (siehe S. 24 f.).

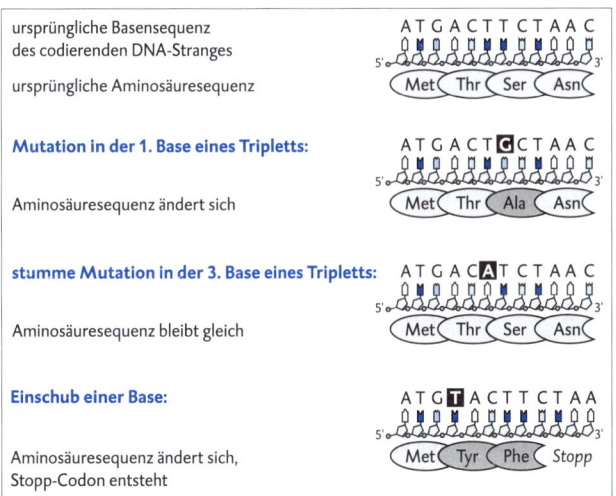

Beispiele für Auswirkungen von Genmutationen (codierender DNA-Strang siehe S. 20)

Chromosomenmutation

Dieser Mutationstyp betrifft die (lichtmikroskopisch sichtbare) Struktur der Chromosomen. Bei diesen sog. **strukturellen Chromosomenaberrationen** unterscheidet man zwischen:

- **Deletion:** Verlust eines Chromosomenstücks (durch Herausbrechen von Teilen des Chromosoms; das Abbrechen eines Endstücks nennt man auch Defizienz)
- **Duplikation:** Verdopplung eines Teilstücks innerhalb eines Chromosoms
- **Inversion:** ein Abschnitt dreht sich im Chromosom um 180°
- **Translokation:** ein Chromosomenstück wird auf ein anderes, nicht homologes, Chromosom übertragen

Genommutation

Weicht die Anzahl der Chromosomen von der normalen Ausstattung ab, ist das gesamte Genom eines Organismus betroffen. Dieser Mutationstyp wird auch **numerische Chromosomenaberration** genannt.

Mutationen, die zu polyploiden Genotypen (siehe S. 8) führen, sind nur bei Pflanzen bekannt und bei einigen Tiergruppen (z. B. Plattwürmern), die sich ungeschlechtlich fortpflanzen. Bei der häufigeren Aneuploidie sind nur einzelne Chromosomen in Über- oder Unterzahl vorhanden. Dabei können sowohl die Autosomen als auch die Gonosomen betroffen sein.

Sehr häufig kommt es zur **Aneuploidie** durch die fehlende Trennung von Chromosomen bzw. Chromatiden in der Meiose **(Nondisjunction)** und der daraus folgenden ungleichen Verteilung von Chromosomen auf die Keimzellen (siehe S. 36 f.).

Reparatur der DNA

Da Veränderungen der Erbsubstanz schwerwiegende Folgen für die Zelle haben können (siehe S. 33 f.), können Schäden an der DNA durch eine Reihe von unterschiedlichen Reparatursystemen aufgefangen werden, z. B.:

- **Korrekturlesen:** Die DNA-Polymerase hat eine eigene Korrekturfunktion eingebaut, die schon während der Replikation immer wieder spontan auftretende falsche Basenpaarungen rückgängig macht.
- **Fotoreaktivierung:** In der DNA kommt es durch UV-Strahlung sehr häufig zur Bildung von Thymin-Dimeren (kovalente Bindung zwischen zwei Thymin-Basen). Die Thymin-Dimere werden von einem Enzym erkannt und wieder in zwei separate Moleküle gespalten.

- **Excisions-Reparatur:** Die Enzyme der Excisions-Reparatur erkennen ebenfalls Thymin-Dimere. Der geschädigte Strang wird links und rechts von der fehlerhaften Nukleotide eingeschnitten und die Lücke wird wieder aufgefüllt.
- **SOS-Reparatur:** Mit der SOS-Antwort können Zellen auf sehr schwere Schäden in der DNA reagieren. Bei dieser Form der „Notreparatur" wird aber im Gegensatz zu anderen Reparatursystemen häufig über Schäden einfach hinweggrepliziert, da aufgrund der massiven Beeinträchtigungen nicht mehr zu erkennen ist, wie das „Original" ausgesehen hat. Der Preis für die Rettung der Erbsubstanz ist in diesem Fall eine stark erhöhte Mutationsrate.

3.7 Molekulargenetische Ursachen von Krankheiten beim Menschen

Spontan auftretende oder durch Umwelteinflüsse induzierte Mutationen haben in den meisten Fällen negative Folgen für die betroffen Zellen. Die Veränderungen des Erbgutes von Körperzellen können, wenn diese nicht durch die körpereigene Abwehr erkannt und beseitigt werden, u. a. zur Entstehung von Krebs beitragen. Mutationen einzelner Gene, Chromosomen oder des ganzen Genoms von Keimzellen können zur Entwicklung von Erbkrankheiten führen.

Krebs
Die Zellteilung wird durch das komplexe Zusammenspiel zahlreicher Gene genau reguliert. Ist dieses Regulationssystem gestört, kann es zu unkontrollierten Zellwucherungen kommen. **Gutartige Tumore**, z. B. Polypen oder Zysten, entstehen durch solche vermehrten Zellteilungen in Schleimhautzellen. Zwar zerstören sich Zellen, deren DNA stark beschädigt ist, in der Regel gezielt selbst **(Apoptose)** oder werden anhand ihrer veränderten Oberflächenstruktur vom Immunsystem erkannt und vernichtet (siehe S. 70 f.). Aus gesunden Zellen oder einem gutartigen Tumor kann aber, wenn der Selbstzerstörungsmechanismus nicht mehr funktioniert und das Immunsystem überfordert ist, durch weitere Veränderungen im Erbgut ein bösartiger Tumor **(Karzinom)** entstehen. Häufig sind Mutagene mit karzinogener (kanzerogener) Wirkung die Ursache der irreversiblen Schädigung der DNA.

In Krebszellen sind Proto-Onkogene (Vorstufen von Krebs auslösenden Genen) durch Mutationen zu aktiven **Onkogenen** geworden, deren

Produkte die Regulation der Zellteilung stören. **Tumor-Suppressor-gene**, die eigentlich die Zellvermehrung hemmen sollen, sind dagegen in diesen Zellen meist durch Mutationen funktionsunfähig geworden.

Die betroffenen Krebszellen teilen sich ungehemmt und können sich nicht mehr differenzieren (siehe S. 62). Sie erfüllen daher nicht mehr die Funktion, die sie ursprünglich im Organismus übernommen hatten, sondern verdrängen gesundes Gewebe und schädigen dieses zusätzlich durch Verbrauch von Energie und Nährstoffen.

Von Karzinomen können sich einzelne Zellen ablösen und an anderer Stelle des Körpers Tochter-Tumore **(Metastasen)** bilden.

Erbkrankheiten

Zahlreiche der Erbkrankheiten, die über viele Generationen weitergegeben werden, sind monogenen Ursprungs, d. h., sie gehen auf die Veränderung eines einzigen Gens zurück. Der bei diesen Erbkrankheiten beobachtete **dominante oder rezessive** Vererbungsmodus (siehe S. 13 f.) wird von der Auswirkung der zugrunde liegenden Genmutation bestimmt. Der Verlust einer Enzymfunktion z. B. ist immer rezessiv, da ein gesundes Allel durch ein funktionierendes Enzym diesen Defekt ausgleichen kann. Die Entstehung eines Enzyms mit einer veränderten, schädlichen Funktion dagegen ist immer dominant, da die Anwesenheit des defekten Allels (Enzyms) in jedem Fall zur Ausprägung des Merkmals führt. Ob eine bestimmte Erbkrankheit **autosomal oder gonosomal** vererbt wird, hängt selbstverständlich mit der Lage der Mutation auf einem bestimmten Chromosom zusammen.

Ein Beispiel für monogen bedingte, autosomal-rezessiv vererbte Krankheiten ist die **Phenylketonurie** (PKU, siehe S. 13): Durch eine Punktmutation im auf dem Chromosom 12 liegenden Gen für das Enzym Phenylalaninhydroxylase verliert dieses Enzym seine Wirksamkeit. Liegt das defekte Allel homozygot vor, kann die mit der Nahrung aufgenommene Aminosäure Phenylalanin nicht abgebaut werden (siehe S. 24 f.). Dies hat negative Folgen für die Entwicklung des Nervensystems und erfordert eine lebenslange Diät mit phenylalaninarmer Nahrung, die in den ersten Lebensjahren besonders streng sein muss. Bei Heterozygoten ist die Menge des gebildeten funktionalen Enzyms verringert, da nur eine Kopie des intakten Allels für die Produktion zur Verfügung steht. Anhand dieser Tatsache kann man Konduktoren im sog. **Heterozygotentest** ausfindig machen: Bei heterozygoten Trägern des defekten Allels ist die Menge von Phenylalanin im Blut nach Gabe einer hohen Dosis aufgrund der verminderten Enzymmenge stark erhöht. Bringt man dieses Blut auf eine Agarplatte mit Bakterien, die Phenylalanin nicht selber herstellen können, führt dies zu einem vermehrten Wachstum der Organismen.

Weitere Erbkrankheiten aufgrund von Genmutationen sind z. B.:

Krankheit	Merkmale und Ursache	Vererbung
Chorea Huntington	Duplikationen im Huntingtin-Gen führen zur Veränderung der Raumstruktur des Proteins; das veränderte Protein bildet Verklumpungen, die Folge sind schwere Nervenschädigungen	autosomal-dominant
Sichelzell-anämie	Punktmutation im Hämoglobin-Gen führt zur Struktur-Veränderung des Proteins; bei Sauer-stoffmangel nehmen rote Blutzellen mit dem veränderten Protein Sichelform an, der Sauer-stofftransport ist drastisch verringert und es kann zu Organschädigungen kommen; heterozygote Merkmalsträger sind resistent gegen Malaria	autosomal-rezessiv
Rot-Grün-Schwäche	durch fehlerhaftes Crossing-over in der Meio-se entstandene Deletionen oder Inversionen in den Genen für rote und grüne Sehpigmen-te; Farbwahrnehmung ist gestört	gonosomal-rezessiv

Während Genmutationen auf geringfügige Veränderungen der DNA-Sequenz zurückzuführen sind und meist eine klar definierte Krankheit zur Folge haben, entstehen die meisten Chromosomen- und Genom-mutationen durch schwerwiegende Fehler in der Meiose. Da in diesem Fall mehrere Gene betroffen sind, führen sie zu komplexen und meist individuell unterschiedlich ausgebildeten, aber trotzdem typischen Krankheitsbildern, sog. Syndromen.

- **Cri-du-chat-Syndrom (Katzenschrei-Syndrom):** Eine Deletion des kurzen Schenkels von Chromosom 5 führt zu charakteristischen Missbildungen im Kehlkopf und Rachenraum und dem dadurch be-dingten katzenartigen Schreien von Neugeborenen. Typische Merk-male sind auch ein kleiner Kopf mit tiefsitzenden Ohren, ein wenig ausgeprägtes Kinn, eine breite Nasenwurzel sowie weit auseinander liegende Augen mit sichelförmiger Hautfalte am inneren Lidwinkel. Die körperliche und geistige Entwicklung ist stark beeinträchtigt.

- **Trisomie 21 (Down-Syndrom):** Bei dieser häufigsten autosomalen Trisomie (0,15 % aller Geburten) liegt das Chromosom 21 dreifach vor. Ähnlich wie bei strukturellen Chromosomenaberrationen liegt auch bei dieser numerischen Chromosomenaberration ein nicht ausbalanciertes Genom mit entsprechenden Syndromkennzeichen vor (Entwicklungsstörungen mit verringerter Intelligenz, angeborene Herzfehler und Infektionsanfälligkeit, kleiner Kopf mit flachem Gesicht und Lidfalte, tiefsitzende Ohren und kurzes Genick, dicke Zunge und Anomalien der Handfalten).

Die Trisomie 21 kann, wie jede autosomale Aneuploidie, prinzipiell auf drei verschiedene Arten entstehen: In 92 % der Fälle entsteht eine sog. **freie Trisomie 21** durch Nondisjunction in der 1. oder 2. Reifeteilung der Meiose. Die Häufigkeit einer solchen fehlenden Trennung der homologen Chromosomen bzw. der Schwesterchromatiden nimmt mit dem Alter der Mutter zu.

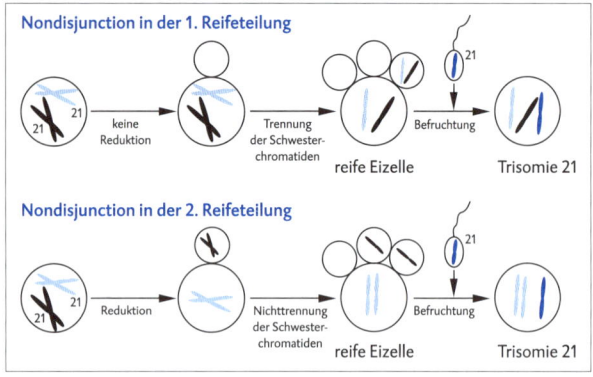

Entstehung von freier Trisomie 21 durch Fehler in der mütterlichen Meiose

Eine **Translokationstrisomie 21** entsteht in ca. 5 % der Fälle unabhängig vom Alter der Mutter durch die Anlagerung des Chromosoms 21 an ein anderes (meist Chromosom Nr. 14). Bei der dritten Möglichkeit ergeben sich im frühen Embryo Fehler bei der Mitose, sodass nur einige Zellen des Embryos trisom sind **(Mosaiktrisomie 21)**. Symptome der Krankheit treten in diesem Fall nur vermindert auf.

- **Gonosomale Aberrationen:** Wie die autosomalen Aneuploidien können auch die gonosomalen Aberrationen durch Nondisjunctionen in der Keimzellbildung oder in den frühen mitotischen Zellteilungen des Embryos entstehen. Fast alle Individuen mit gonosomalen Aneuploidien sind lebensfähig, die Symptome sind relativ schwach ausgeprägt verglichen mit denen der autosomalen Aberrationen. Im Falle des Y-Chromosoms ist der Grund dafür wohl darin zu suchen, dass dieses nahezu „genleer" ist. Für die X-Chromosomen wird der Effekt mit der **Lyon-Hypothese** erklärt, nach der in jeder Zelle nur ein X-Chromosom aktiv ist. Auch bei gesunden Frauen wird während eines späteren Stadiums der Embryonalentwicklung zufällig eines der beiden X-Chromosomen zumindest teilweise inaktiviert und liegt als **Barr-Körperchen** vor. Damit wird in allen menschlichen Körperzellen die gleiche „Gendosis 1·X" hergestellt. Aus der zufälligen Inaktivierung des einen oder anderen X-Chromosoms resultiert eine mosaikartige Verteilung von unterschiedlichen Allelen X-chromosomaler Gene in den Zellen heterozygoter Frauen. Daher können defekte Allele ausgeglichen werden, obwohl in einigen Zellen nur das X-Chromosom mit dem mutierten Gen aktiv ist. Bei Triplo-X-Frauen liegen zwei Barr-Körperchen vor usw. Mit ansteigender Zahl der X- und/oder Y-Chromosomen nehmen die verschiedenen Syndrome in ihrer Ausprägung jedoch zu.

Syndrom	Ursache	Merkmale
Turner-Syndrom	X0	weiblich, unfruchtbar, kleinwüchsig mit inneren Fehlbildungen, normal intelligent; einzige lebensfähige Monosomie
Triplo-X-Syndrom	XXX	weiblich, klinisch unauffällig, mit weiteren X-Chromosomen nehmen Fehlbildungen zu
Klinefelter-Syndrom	XXY	männlich, mangelnde Entwicklung sekundärer männlicher Geschlechtsmerkmale, unfruchtbar, weiblicher Habitus, Intelligenz gemindert
XYY-Syndrom	XYY	männlich, körperlich und geistig meist normal entwickelt, teilweise erhöhter Testosteronspiegel

4   Angewandte Genetik

Die Erkenntnisse der klassischen, der Zyto- und der Molekulargenetik finden schon lange praktische Anwendung in der Züchtung wirtschaftlich besonders ertragreicher Nutzpflanzen und -tiere. Eine relativ moderne Umsetzung der Forschungsergebnisse zeigt sich im Gebiet der Gentechnologie oder Gentechnik (*genetic engineering*).

4.1   Züchtung

Nutzorganismen werden in ihrer Fortpflanzung durch den Menschen kontrolliert, seit er Ackerbau und Viehhaltung betreibt. Dabei wurden und werden durch Selektion gezielt bestimmte Merkmale unterdrückt oder gefördert. Bereits Charles DARWIN stellte fest, dass durch diese Form der **künstlichen Auslese** die Variabilität sowie die Bildung von Rassen und Sorten viel stärker ausgeprägt ist und deutlich schneller abläuft als unter natürlichen Bedingungen (siehe S. 83).
Diese Erscheinung tritt u. a. bei der Züchtung von Hunderassen aus dem Wolf deutlich hervor.

Wolf   3 von 350 anerkannten Hunderassen

Zunahme der Variabilität durch Züchtung

Züchtungsmethoden
Die klassische Züchtung beruht auf den folgenden drei Mechanismen:
* **Auslesezüchtung:** Individuen mit erwünschten Eigenschaften werden gezielt zur Fortpflanzung gebracht. Diese älteste Methode der Züchtung erfordert meist sehr viel Zeit, da die gezüchteten Organismen immer erst die Fortpflanzungsreife erlangen müssen und die Ergebnisse der Züchtung aufgrund der Komplexität der Merkmalsausbildung (Polygenie, siehe S. 5) und der zufälligen Verteilung von Allelen in der Meiose (siehe S. 9 f.) stark fluktuieren können.

- **Kreuzungszüchtung:** Bei der gezielten Kreuzung unterschiedlicher Haustierrassen oder Nutzpflanzensorten lassen sich die gewünschten Gene beider Eltern auf deren Nachkommen übertragen. Dieses Verfahren ist ebenfalls stark vom Zufall abhängig, bietet aber die Möglichkeit, durch die gezielte Kombination von Merkmalen, neue Rassen oder Sorten zu entwickeln.
- **Hybridzüchtung:** Werden genetisch unterschiedliche reine (Inzucht-)Linien miteinander gekreuzt, so sind deren heterozygote Nachkommen aufgrund der breiteren genetischen Basis meist vitaler und ertragreicher als die Elterngeneration **(Heterosiseffekt)**.

Modernere Verfahren der Züchtung sind:
- **Mutationszüchtung:** Durch künstlich hervorgerufene Mutationen entstehen neue Phänotypen, von denen solche mit erwünschten Merkmalen weitergezüchtet werden. Dazu wird z. B. bei Pflanzensamen die Mutationsrate durch Mutagene (siehe S. 30) erhöht.
- **Gentechnische Verfahren:** Durch gezielte Eingriffe in die Genstruktur wird das Genom der Nutzorganismen verändert. Unerwünschte Gene können eliminiert oder nützliche Gene aus anderen, auch artfremden Organismen übertragen werden (Gentransfer, siehe S. 51 f.).

Die Erhaltung und Vermehrung von neu gezüchteten Rassen oder Sorten erfolgt durch verschiedene Methoden, z. B.:
- **Klonierung** von Pflanzen durch Formen der ungeschlechtlichen Fortpflanzung wie Pfropfen, Ablegervermehrung oder Zellkulturen
- **Inzucht** über mehrere Generationen bei Tieren
- **Künstliche Befruchtung** auch außerhalb des Körpers (In-vitro-Fertilisation, siehe S. 64)
- Bei Zuchttieren können durch hormonelle Stimulation eine große Anzahl an Embryonen erzeugt und auf verschiedene „Leihmütter" übertragen werden **(Embryonentransfer)**.

Züchtungsziele

In der Tier- und Pflanzenzucht gibt es im Grundsatz ähnliche Ziele, die von den Bedürfnissen des Menschen abgeleitet sind:
- **Ertragssteigerung**, z. B. höhere Hektarerträge oder schnelleres Wachstum mit stärkerem Fleischansatz
- **Qualitätsverbesserung**, z. B. im Geschmack, in der Farbe sowie im Gehalt an bestimmten Inhaltsstoffen wie Zucker oder Fetten
- **Resistenz**, z. B. gegen Krankheiten, Konkurrenten, Parasiten, Fraßschädlinge oder gegen Lagerungsverluste

- **Eignung zur industriellen Produktion**, z. B. Standfestigkeit von Halmen, normierte Größe und Gewicht, Fähigkeit zur Nachreife beim Transport, Stressresistenz bei Massentierhaltung
- **Steigerung der Effizienz**, z. B. durch optimale Futterverwertung bei Nutztieren oder bessere Düngeraufnahme aus dem Boden bei Nutzpflanzen

4.2   Werkzeuge der Gentechnik

In der Gentechnik werden die molekulargenetischen Grundlagen in die Praxis umgesetzt: Die Erbsubstanz eines Organismus wird gezielt auf der Ebene der Moleküle verändert.

Die meisten gentechnischen Experimente werden mit Bakterien und Viren durchgeführt, da diese wesentlich leichter handhabbar und auch einfacher strukturiert sind als eukaryotische Organismen. Einige weitere Besonderheiten dieser Mikroorganismen machen sie zu idealen Werkzeugen der Molekulargenetik.

Bakterien

Prokaryotische Organismen besitzen weder Zellkern noch Chromosomen. Ihre DNA liegt in Form eines ringförmigen Knäuels (Kernäquivalent) vor (siehe (1) S. 3 f.). Das Genom von Bakterien ist wesentlich kleiner als das von Eukaryoten und ist nur in einfacher Ausführung vorhanden. Bakterien sind also normalerweise immer haploid, weswegen alle positiven oder negativen Auswirkungen von Änderungen an einem Gen sofort im Phänotyp sichtbar werden. Zusätzlich haben Bakterien meist noch ein oder mehrere **Plasmide** (kleine DNA-Ringe, siehe S. 44), die in bis zu 1000-facher Ausführung in der Zelle vorliegen können.

Bakterien können DNA auf verschiedene Weise aufnehmen. Plasmide und größere Abschnitte des Bakterien-Genoms können durch die sogenannte **Konjugation** von einem Bakterium auf ein beliebiges, auch artfremdes Bakterium übertragen werden. Dazu bilden sich zwischen zwei Bakterien Konjugationsbrücken aus Zellplasma, über die dann DNA geschleust wird. Auf diesem Wege werden z. B. Gene übertragen, die Bakterien resistent gegen ein oder mehrere Antibiotika machen können (Resistenzgene). Bei der **Transformation** gelangen nach einer entsprechenden Behandlung Plasmide oder auch lineare DNA-Stücke aus dem umgebenden Medium in die Bakterien. Sind Teile der aufgenommenen DNA homolog zu Abschnitten des Bakterien-Genoms, so können diese Teile durch Rekombination in das Genom eingebaut werden.

Auch Viren können durch sogenannte **Transduktion** Bakteriengene übertragen. Bei diesem Vorgang nehmen temperente Viren (siehe S. 42) durch Fehler bei der Reaktivierung unbeabsichtigt Bakterien-DNA in ihr Genom auf und übertragen diese dann auf neue Wirtszellen.

Viren

Viren sind mit ihrer im Nanometer-Bereich angesiedelten Größe 10- bis 100-mal kleiner als Bakterien. Sie bestehen nur aus einer strukturierten Proteinhülle, die ein relativ kurzes Nukleinsäuremolekül (DNA oder RNA) mit nur einer geringen Zahl an Genen einschließt, und besitzen keinen eigenen Stoffwechsel. Für ihre Vermehrung sind sie auf Wirtszellen angewiesen. Viele der **Bakteriophagen** (Phagen), die Bakterien als Wirtsorganismen benutzen, haben einen charakteristischen Aufbau, wie z. B. die Familie der T-Phagen, die *E.coli* befallen.

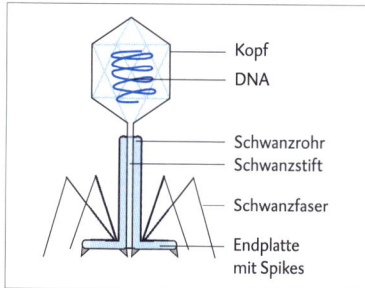

Schematischer Aufbau
des Bakteriophagen T4

Virulente (krankheitserregende) **Bakteriophagen** wie T4 befallen das Bakterium und führen sofort zu seiner Zerstörung. Dieser sog. **lytische Vermehrungszyklus** läuft nach folgendem Muster ab:

- **Adsorption:** Die Phagen heften sich, zum Teil mit besonderen Haftstrukturen an ihren Endplatten, an Rezeptoren auf der Oberfläche der Wirtszelle.
- **Injektion:** Das kontraktile Schwanzrohr zieht sich zusammen und die Virus-DNA oder -RNA wird über den hohlen Schwanzstift in das Bakterium injiziert.
- **Virenvermehrung:** Das eingedrungene Viren-Erbmaterial bewirkt eine Umprogrammierung des Zellstoffwechsels der Wirtszelle. Diese stellt jetzt alle benötigten Komponenten zur Replikation des Viren-Erbgutes und zur Neuproduktion von Virus-Proteinen her. In einer

Bakterienzelle können so auf Kosten des Wirtes über 1 000 neue Phagen entstehen.
- **Lyse:** Ein vom Bakteriophagen codiertes Enzym (z. B. Lysozym) führt zur Auflösung der Zellwand des Bakteriums. Es platzt und setzt Bakteriophagen frei, die jetzt neue Zellen befallen können.

Im Gegensatz zu virulenten Phagen bauen **temperente Phagen** wie der *E.coli*-Phage λ (Lambda) ihr Genom nach der Injektion in das der Bakterienzelle ein. In dieser **lysogenen Phase** des Vermehrungszyklus sind sie damit deaktivierte („schlafende") **Prophagen**. In diesem Zustand werden sie bei der Bakterienvermehrung an die Tochterzellen weitergegeben. Durch Strahlung oder hohe Temperaturen werden die Prophagen reaktiviert (induziert) und gehen in den lytischen Zyklus über.

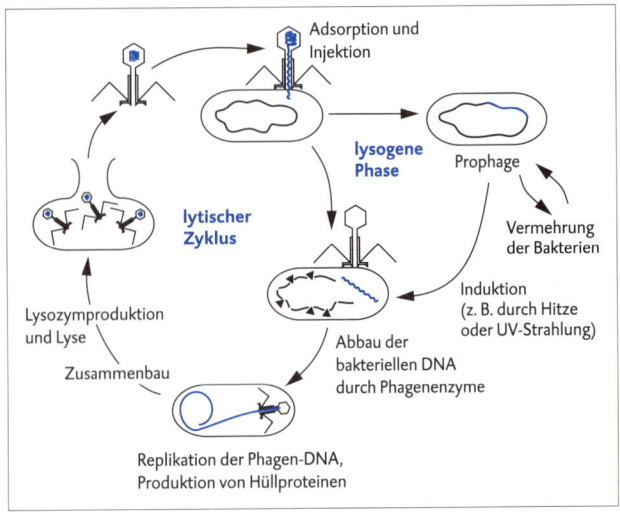

Zyklus der Virusvermehrung

DNA-Viren können zur Replikation und Genexpression die schon in der Zelle vorhandenen Systeme nutzen (DNA → RNA → Protein). Liegt das Genom eines Virus aber als einzel- oder doppelsträngige RNA vor, muss das Virusgenom auch Informationen beinhalten, mit deren Hilfe die RNA vervielfältigt werden kann. Manche dieser RNA-Viren schreiben mithilfe der **reversen Transkriptase** die RNA nach dem Eindringen in eine Wirtszelle in die komplementäre DNA um. Dazu muss das Virus dieses Enzym schon mit in die Bakterienzelle bringen. Beim Zusammenbau der neuen Viren werden daher auch immer einige Moleküle der reversen Transkriptase mit verpackt. Diese Virenformen, zu denen auch der HI-Virus gehört, werden auch **Retroviren** genannt, da sie den umgekehrten Weg des Informationsflusses beschreiten (RNA → DNA).

Restriktionsenzyme

Diese auch als **Restriktionsendonukleasen** bezeichneten bakteriellen Enzyme schneiden doppelsträngige DNA an bestimmten Erkennungssequenzen. Eine solche Erkennungssequenz für ein bestimmtes Restriktionsenzym ist immer ein bestimmtes Basenpaar-**Palindrom** (Sequenz, die auf beiden Strängen vom 5'-Ende aus gelesen gleich ist), das aus 4–8 Basenpaaren besteht. Das Restriktionsenzym *Eco*RI, das aus dem Bakterium *Escherichia coli* gewonnen wird, trennt z. B. die DNA an der Erkennungssequenz GAATTC immer zwischen G und A. Dadurch entsteht, wie bei den meisten Restriktionsenzymen, innerhalb der Erkennungssequenz ein asymmetrischer Schnitt. Die daraus resultierenden einzelsträngigen Überhänge, die sogenannten **klebrigen Enden** (*sticky ends*), sind typisch für das jeweilige Enzym.

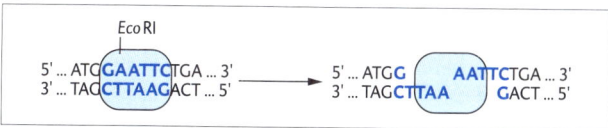

Funktionsweise des Restriktionsenzyms *Eco*RI

Beim Abbau (Verdau) von DNA mit ein und demselben Restriktionsenzym entstehen immer dieselben, spezifischen Fragmente, die durch die Lage der Erkennungssequenzen bestimmt sind.

Vektoren

Vektoren sind „Genfähren", also Transportmittel, mit deren Hilfe DNA-Fragmente in Zellen eingeschleust werden können. Sehr häufig werden natürliche bakterielle oder künstlich hergestellte **Plasmide** als Vektoren genutzt. Es gibt aber auch Bakteriophagen oder andere Viren, die als Vektoren dienen können. Generell müssen Vektoren folgende Eigenschaften haben:

- Sie müssen sich unabhängig vom Genom der Wirtszelle **replizieren**, in der Zelle in **großer Zahl** vorliegen und **einfach isolierbar** sein.
- Damit Fremd-DNA in die Vektoren eingebaut werden kann, müssen sie **Schnittstellen** für verschiedene Restriktionsenzyme besitzen.
- Zur einfachen Identifikation derjenigen Zellen, die einen Vektor mit Fremd-DNA aufgenommen haben, müssen sie sog. **genetische Marker** enthalten, z. B. bestimmte Antibiotika-Resistenzgene.

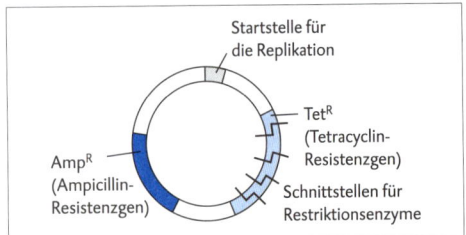

Plasmidvektor

4.3 Methoden der Gentechnik und Gendiagnose

Die oben beschriebenen Werkzeuge werden in der Gentechnik und in der Gendiagnose zur Isolierung, Vermehrung, Analyse und Neukombination von DNA eingesetzt. Die Methoden der Gentechnik und der Gendiagnose finden sowohl in der Forschung, der medizinischen Diagnostik und Therapie als auch in der Industrie vielfältige Anwendung (siehe S. 51 f.).

Herstellen einer Genbank

Mithilfe der oben beschriebenen Werkzeuge der Gentechnik wird rekombinante DNA hergestellt, in Wirtszellen eingeschleust und dort selektiv vermehrt.

Genomische DNA eines Spenderorganismus wird durch eine bestimmte Behandlung aus den Zellen **isoliert** und mit einem **Restriktionsenzym** vollständig in definierte Fragmente gespalten.

Die entstehenden DNA-Fragmente werden nun in einen **Vektor** eingebaut. Dazu wird die Vektor-DNA durch das gleiche Restriktionsenzym aufgespalten wie die Spender-DNA. Da die *sticky ends* der genomischen DNA-Fragmente und des Vektors komplementäre Strukturen besitzen, kann je ein Fragment mithilfe der **Ligase** (DNA-verknüpfendes Enzym) in einen Vektor eingelagert werden. Die DNA ist nach diesem Ligationsschritt rekombiniert und das dabei entstandene **Hybrid-Plasmid** kann durch Transformation (siehe S. 40) in eine fremde Zelle aufgenommen werden. Hierzu werden die Zellmembranen der Empfängerzellen – meist *E. coli* – chemisch oder elektrisch für die Plasmide durchgängig gemacht.

Da die Transformationen nur zum geringsten Teil gelingen, werden zur **Identifizierung** derjenigen Bakterien, die erfolgreich ein Plasmid aufgenommen haben, die Markergene des Vektors eingesetzt: Alle aus der Transformation hervorgehenden Bakterien werden auf einen Antibiotika enthaltenden Nährboden aufgebracht. Nur diejenigen Bakterien, die ein Plasmid mit dem entsprechenden Antibiotika-Resistenzgen, z. B. Amp^R für Resistenz gegen Ampicillin, aufgenommen haben, können sich vermehren und Kolonien bilden.

Je nachdem, was für ein Vektor verwendet wurde, können nun verschiedene Taktiken eingesetzt werden, um Bakterien mit „leeren" Vektoren (die in der Ligation ohne Einbau eines Fremdgens wieder zusammengefügt wurden) von solchen mit Hybrid-Plasmiden zu unterscheiden. Gemeinsam ist den Methoden das **Prinzip der Markerinaktivierung**, d. h., dasjenige Gen, in das das Fragment der Fremd-DNA eingebaut wurde, ist damit unterbrochen und nun nicht mehr funktionsfähig:

- Handelt es sich bei dem zweiten Marker um ein weiteres Antibiotika-Resistenzgen, z. B. Tet^R, werden die auf dem Nährboden mit Ampicillin gewachsenen Bakterienkolonien mit einem sterilen Samtstempel auf einen Nährboden mit Tetracyclin übertragen. Kolonien, die auf der ersten, nicht aber auf der zweiten Platte wachsen, haben ein Hybrid-Plasmid aufgenommen.

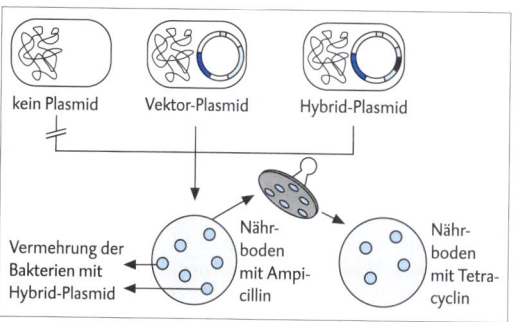

kein Plasmid   Vektor-Plasmid   Hybrid-Plasmid

Vermehrung der Bakterien mit Hybrid-Plasmid

Nährboden mit Ampicillin

Nährboden mit Tetracyclin

Stempeltechnik

- Wenn das zweite Gen z. B. ein Farbmarker ist, können beide Identifizierungsschritte auf einem Nährboden zusammengefasst werden. Das Markergen *lacZ* codiert für ein Protein, das von der farblosen Verbindung X-Gal den Galactose-Rest abspaltet; „X" wird daraufhin blau. Zellen mit einem „leeren" Vektor-Plasmid sind demzufolge auf Nährböden, die X-Gal enthalten, blau. Kolonien, die auf Nährböden mit Ampicillin und X-Gal wachsen und weiß bleiben, müssen ein Hybrid-Plasmid (mit Amp^R und unterbrochenem *lacZ*-Gen) aufgenommen haben.

Da eine Bakterienkolonie aus Milliarden gleichartiger Individuen (Klone) besteht, werden mithilfe dieses Verfahrens die Hybrid-Plasmide mit den darin enthaltenen DNA-Abschnitten vermehrt. Man spricht auch von **DNA-Klonierung**. Allerdings hat jedes der Bakterien, das sich zu einer Kolonie entwickelt hat, bei der Transformation ein Hybrid-Plasmid mit einem anderen Stück der genomischen DNA des Spenderorganismus aufgenommen; das gezielte Heraussuchen und Klonieren eines einzelnen bestimmten Fragmentes aus der Gesamt-DNA ist nicht möglich. Das Ergebnis einer solchen „Schrotschussklonierung" ist eine sog. **Genbank** oder Genbibliothek, deren Klone die Gesamt-DNA des Spenders umfassen und nun mithilfe von Gensonden oder der DNA-Sequenzierung weiter untersucht werden können.

Gensonden

Um Bakterienklone innerhalb einer Genbank zu identifizieren, die ein Hybrid-Plasmid mit einem gesuchten, bereits bekannten Gen tragen, benutzt man Gensonden. Dies sind kurze, radioaktiv oder mit Fluoreszenzfarbstoff markierte DNA-Fragmente, die komplementär zu einem kurzen, charakteristischen Abschnitt des bekannten Gens sind.

Die Bakterien der Genbank bilden auf einem Nährboden voneinander getrennte Kolonien. Nach Auflegen einer speziellen Folie und anschließender Isolierung der DNA fügt man die Gensonde hinzu. Diese bindet sich an komplementäre DNA-Abschnitte auf der Folie, man spricht dabei von **DNA-Hybridisierung**.

Nach Abwaschen der nicht-hybridisierten Sonden wird die Folie auf einen Röntgenfilm aufgelegt. Durch **Autoradiografie**, bei der die radioaktive Strahlung der Sonde den Röntgenfilm lokal schwärzt, zeigt sich die Lage der Bakterienkolonien, die das gesuchte Gen enthalten.

Diese können nun selektiv vermehrt werden und das aus ihnen isolierte Hybrid-Plasmid findet z. B. in einem Gentransfer weitere Verwendung.

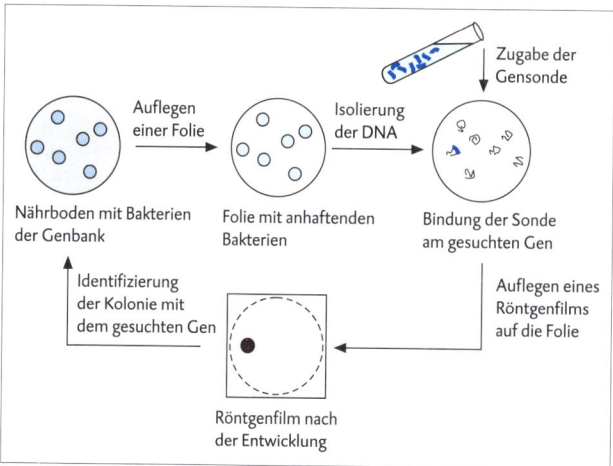

Koloniehybridisierung mit einer Gensonde

DNA-Sequenzierung

Mit diesem Verfahren wird die Basensequenz eines DNA-Abschnittes ermittelt. Heute wird vor allem die sog. **Kettenabbruch-Methode** verwendet, die 1975 von F. SANGER entwickelt wurde.

Im Prinzip erfolgt bei dieser Methode eine modifizierte DNA-Replikationsreaktion, die zu unterschiedlich langen, farblich markierten Fragmenten führt, an denen ein Detektor die Basensequenz ablesen kann.

Ausgangspunkt der DNA-Sequenzierung ist meist ein in einen Plasmid-Vektor eingebautes, unbekanntes DNA-Fragment. Nach Auftrennung des DNA-Doppelstranges **(Denaturierung)** erfolgt die Anlagerung eines **Primers**, eines kurzen, synthetisch hergestellten einzelsträngigen Oligonukleotids, als Startsequenz für die Replikation **(Hybridisierung)**. Da die Basensequenz des DNA-Fragmentes bisher noch unbekannt ist, kann man dazu natürlich auch keinen „passenden" Primer synthetisieren. Bekannt ist aber die Sequenz der Plasmid-DNA, die direkt vor dem unbekannten Gen liegt (die Basensequenz des Vektors ist vollständig bekannt und durch das verwendete Restriktionsenzym ist auch die Stelle des Einbaus der Fremd-DNA festgelegt). Man setzt hierbei folglich einen Primer ein, der direkt vor dem zu sequenzierenden DNA-Abschnitt bindet.

In den Replikationsansatz werden neben „normalen" Desoxynukleotiden (dNTPs) sog. Kettenabbruch-Nukleotide gegeben, die **Didesoxynukleotide (ddNTPs)**. Diese sind bis auf das Fehlen der 3'-Hydroxylgruppe an der Desoxyribose (siehe (1) S. 14) mit den dNTPs identisch und werden durch die DNA-Polymerase zufällig in den neuen komplementären Strang eingebaut. Die ddNTPs verhindern aber wegen der fehlenden 3'-Hydroxylgruppe das weitere Wachstum der Kette, sodass unterschiedlich lange Fragmente entstehen, die jeweils mit einem der vier unterschiedlich farbig markierten ddNTPs enden.

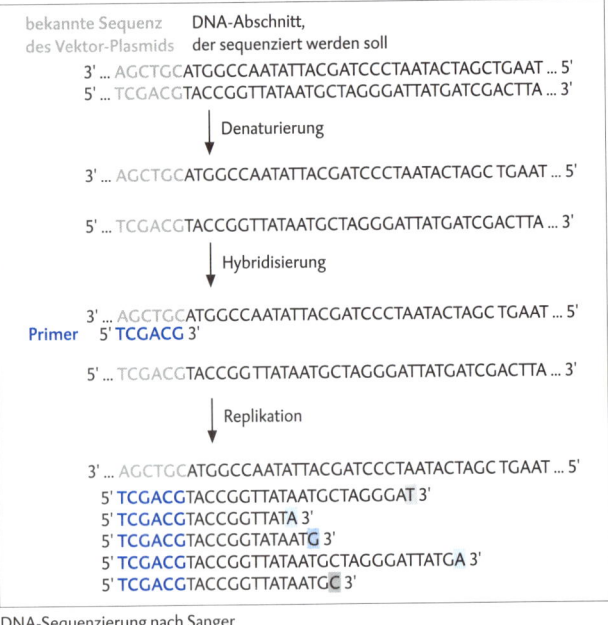

DNA-Sequenzierung nach Sanger

Die Trennung der unterschiedlich langen DNA-Fragmente erfolgt durch **Gelelektrophorese** (siehe S. 49). Dabei werden die Fluoreszenz-Farbstoffe mit einem Laser sichtbar gemacht und computergestützte Detektoren verarbeiten die Abfolge der Farben zur gesamten DNA-Sequenz.

Gelelektrophorese

Bei einer Elektrophorese trennen sich unterschiedlich lange DNA-Fragmente ihrer Größe nach in einem **elektrischen Feld**.

Die DNA-Stücke laufen aufgrund ihrer negativen Ladung in einem elektrischen Feld von der Kathode (Minus-Pol) zur Anode (Plus-Pol). Als Träger- und Trennsubstanz dient eine dünne Gelplatte. Je nachdem, wie sehr sich die Fragmente in ihrer Größe unterscheiden, verwendet man unterschiedliche Gele. Für DNA-Fragmente, die z. B. aus einem Restriktionsverdau stammen, werden **Agarose-Gele** benutzt. Müssen, wie bei der DNA-Sequenzierung, die DNA-Fragmente basengenau aufgetrennt werden, wird eine engmaschigere Trägersubstanz benötigt. Man verwendet dann ein **Polyacrylamid-Gel**.

Durch die „Maschen" des jeweiligen Gels können kurze DNA-Stücke schneller hindurchlaufen als längere, sie legen daher in einer bestimmten Zeit eine größere Strecke im Gel zurück. Zur Bestimmung der Länge der DNA-Stücke lässt man Kontroll-DNA-Stücke **(Größenmarker)** mitlaufen. Um die entstehenden Banden, in denen sich gleich lange DNA-Stücke gesammelt haben, sichtbar zu machen, werden die DNA-Abschnitte mit **Fluoreszenz-Farbstoffen** oder radioaktiv markiert.

Polymerase-Kettenreaktion

Die *Polymerase Chain Reaction* (Polymerase-Kettenreaktion, PCR) dient der direkten, gezielten Vervielfältigung eines definierten DNA-Fragments *in vitro* (d. h. außerhalb einer lebenden Zelle) durch zahlreiche, schnell nacheinander ablaufende Replikationen. Ein solcher Vermehrungszyklus der PCR besteht aus drei Arbeitsschritten:

- **Denaturierung:** Die DNA, die den zu vervielfältigenden Abschnitt enthält, wird kurz auf ca. 95 °C erhitzt. Dabei trennen sich die beiden Einzelstränge voneinander.
- **Hybridisierung:** Nach der Abkühlung auf 55 °C binden sich **zwei Primer** aus ca. 20 Nukleotiden an die komplementären Sequenzen der DNA-Einzelstränge (Voraussetzung für die PCR ist also eine zumindest teilweise bekannte Basensequenz).
- **Amplifikation:** Jeweils vom 3'-Ende der beiden Primer ausgehend synthetisiert die sogenannte *Taq*-Polymerase (hitzebeständige DNA-Polymerase, gewonnen aus dem in heißen Quellen lebenden Bakterium *Thermus aquaticus*) bei 72 °C mithilfe der im Ansatz vorhandenen Nukleotide einen komplementären DNA-Strang.

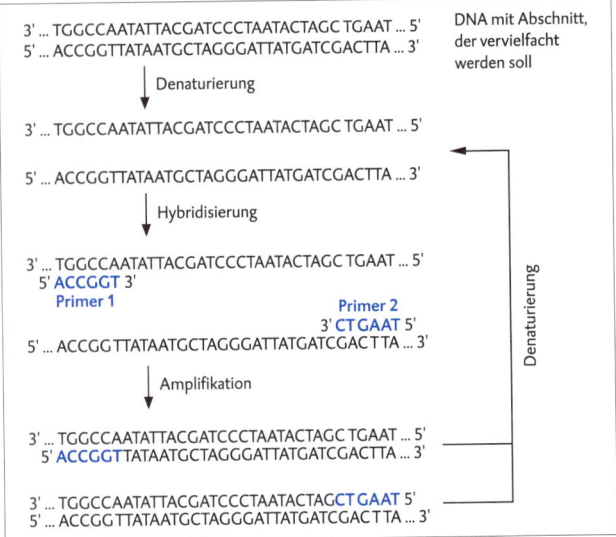

Ablauf der PCR

Durch erneutes Erhitzen auf 95 °C beginnt sofort danach ein neuer PCR-Zyklus. Da sich die Anzahl der Vorlagen pro Zyklus jeweils verdoppelt, steigt die Zahl der Kopien exponentiell an, sodass nach 30 Zyklen $2^{30} = 1,07 \cdot 10^9$ Exemplare des DNA-Fragments entstanden sind. Die damit stark vermehrte DNA steht nun z. B. für einen Gentransfer oder für die Gendiagnose zur Verfügung.

4.4 Anwendungen der Gentechnik bei Bakterien, Pflanzen und Tieren

Ist ein gewünschtes Gen durch die oben beschriebenen Methoden isoliert und identifiziert worden, kann es nun auf fremde Organismen übertragen werden. Durch Gentransfer entstehen **transgene Organismen**, also Lebewesen, denen zur Erzeugung bestimmter Eigenschaften, wie z. B. der Produktion von artfremden Eiweißen, die entsprechenden Gene anderer Lebewesen übertragen wurden.

Herstellung und Nutzung transgener Mikroorganismen

Die Übertragung von manipulierten Vektoren in eine Bakterienzelle ist relativ einfach und erfolgt entweder durch Transformation, Konjugation oder Transduktion (siehe S. 40 f.).

Transgene Bakterien lassen sich vielfältig medizinisch und wirtschaftlich nutzen. Mithilfe von Bakterien, in die menschliche Gene oder Gene von Krankheitserregern eingeschleust wurden, können heute bereits einige **Medikamente**, wie z. B. das Humaninsulin, preiswert und in sehr reiner Form hergestellt werden. Im Gegensatz zum gentechnisch hergestellten Insulin weist das früher aus den Bauchspeicheldrüsen von Tieren isolierte Hormon Unterschiede zum menschlichen Insulin auf und ist dadurch nicht so gut verträglich.

Aus transgenen Hefezellen gewonnen, wird z. B. ein **Impfstoff** gegen Hepatitis B, der eine aktive Immunisierung (siehe S. 73 f.) gegen die von den Hefezellen produzierten Antigene des Virus ermöglicht.

Beispiele für den Einsatz gentechnisch veränderter Mikroorganismen in der **Lebensmittelindustrie** ist die Herstellung von Backwaren, Bier, Milch- und Käseprodukten, Vitaminen, Aromastoffen und Enzymen.

Pflanzenzucht

Die Übertragung von Fremd-DNA auf Pflanzenzellen ist etwas schwieriger, da die Zelle von einer stabilen Zellwand umgeben ist. Zur Vereinfachung der Manipulation benutzt man daher in der Pflanzenzüchtung meist **Protoplasten** (Pflanzenzellen, deren Zellwand enzymatisch entfernt wurde). Zusätzlich ist das Erbmaterial der Eukaryoten im Zellkern konzentriert und die neuen Gene müssen in das dortige Genom eingebaut werden, damit sie abgelesen werden können.

Eine Methode ist der Beschuss der Protoplasten mit einer sog. **Partikelkanone** (particle gun). Winzige Goldpartikel werden mit der Fremd-DNA beschichtet und bis in den Zellkern geschossen. Allerdings gelingt es nur zu einem geringen Prozentsatz, die Fremd-DNA mit dieser Methode in das Pflanzengenom zu integrieren.

In der Pflanzenzucht nutzt man daher meist das natürliche Prinzip der **Tumorinduktion:** Das Bodenbakterium *Agrobacterium tumefaciens* dringt in Zellen verletzter Pflanzenteile ein, überträgt sein **Ti-Plasmid** und löst damit eine Wucherung aus (Ti = Tumor induzierend). Die bakteriellen Gene werden dabei in das Genom der Pflanze eingebaut und abgelesen. Tauscht man nun die Tumor induzierenden Gene auf dem Plasmid gegen ein Fremdgen aus, so wird dies in ein Chromosom der Pflanzenzelle integriert. Gentechnisch veränderte Pflanzen werden anhand einer ebenfalls mit dem modifizierten Ti-Plasmid übertragenen Antibiotika-Resistenz selektiert und gezielt vermehrt. Die Klone der Pflanzenzelle können dann unter geeigneten Bedingungen zu vollständigen Pflanzen heranwachsen, deren Zellen alle das Fremdgen tragen.

Die Gentechnik eröffnet damit neue Möglichkeiten der Züchtung von **herbizidresistenten Pflanzen**, die im Gegensatz zum „Unkraut" den Einsatz des betreffenden Herbizids auf den Feldern überleben. Auch lassen sich Pflanzen erzeugen, die resistent gegen bestimmte Schädlinge sind. Dadurch kann auf den Einsatz der entsprechenden Schädlingsbekämpfungsmittel verzichtet werden. Zum Beispiel produziert der sog. **Bt-Mais** ein toxisches Protein des Bakteriums *Bacillus thuringiensis*, das die Larven des Maiszünslers (eines Nachtfalters) auf diesen Maispflanzen abtötet. Andere Maispflanzen wurden genetisch verändert, um mit einem höheren Gehalt an **essenziellen Aminosäuren** den täglichen Bedarf z. B. in Entwicklungsländern besser decken zu können.

Außerdem lassen sich mithilfe der Gentechnik Pflanzen produzieren, die eine verbesserte Fotosyntheseleistung und damit einen **höheren Ertrag** oder einen geringeren Bedarf an Nährsalzen (Dünger) zeigen.

Tierzüchtung

Um transgene Tiere zu erhalten, muss die Manipulation im Rahmen einer künstlichen Befruchtung (*In-vitro-Fertilisation*, siehe S. 64) an einer Eizelle vorgenommen werden. Um ein Fremdgen in die befruchteten Eizellen einzuschleusen, bedient man sich meist der **Mikroinjektion:** Mit einer Mikrokanüle wird die Fremd-DNA direkt in den Zellkern injiziert. In etwa 1 % der Fälle ist der Gentransfer erfolgreich. Mithilfe der Gendiagnose werden nun die Embryonen mit den gewünschten Eigenschaften ausgewählt und in den Uterus einer „Leihmutter" eingepflanzt.

Auf diese Weise entstehen transgene Tiere, die durch die eingeschleusten Gene z. B. schneller wachsen oder unempfindlicher gegen bestimmte Krankheiten sind **(Produktionssteigerung)**. Ebenso möglich ist eine Verbesserung der Qualität z. B. des Fleisches oder der Wolle. Durch den Transfer menschlicher Gene in das Genom von Tieren produzieren diese **Medikamente** oder **Impfstoffe**, z. B. direkt in der Milch.

Erwachsene, evtl. transgene Tiere mit nützlichen oder Gewinn bringenden Eigenschaften könnten geklont werden **(reproduktives Klonen**, siehe S. 65), um identische Kopien des „Elterntieres" mit allen positiven Eigenschaften zu erhalten, die bei der normalen geschlechtlichen Vermehrung vielleicht verloren gehen könnten.

Risiken der Gentechnik

Neben den oben genannten positiven Anwendungsaspekten der Gentechnik gibt es aber auch zahlreiche Risiken, die mit der Veränderung des Erbguts von Organismen einhergehen.

- Durch Veränderung der genetischen Information von Mikroorganismen könnten z. B. neue **Krankheitserreger** entstehen, die nur sehr schwer zu bekämpfen sind.
- Transgene Pflanzen und Tiere könnten z. B. durch die unvorhergesehene Produktion neuer Proteine **Allergien** auslösen oder andere gesundheitsschädliche Wirkungen auf den Menschen haben.
- Transgene Mikroorganismen und Pflanzen könnten auch zu tiefgreifenden **ökologischen Störungen** führen, indem sie im Freiland durch ihre höhere Vitalität heimische Arten verdrängen.
- Gentechnisch veränderte DNA könnte unbeabsichtigt auf andere Organismen übergehen (horizontaler Gentransfer bei Bakterien oder Bestäubung bei Pflanzen), sodass sich **Resistenzgene**, z. B. gegen Antibiotika oder Schädlingsbekämpfungsmittel, im gesamten Lebensraum ausbreiten könnten.
- Durch die **Weitergabe von gentechnisch veränderter DNA** an andere Lebewesen könnten neue Genkombinationen entstehen, deren Wirkungen nicht vorauszusehen sind.

4.5 Gendiagnose und Gentherapie beim Menschen

In der Humanmedizin finden die Methoden der Gentechnik und der Gendiagnose zahlreiche Anwendungen, z. B. bei der:

- Aufklärung der genetischen Ursachen von Erbkrankheiten und deren (pränatale) Diagnose; genetische Beratung
- Aufklärung von Verbrechen in der Gerichtsmedizin
- Klärung von Verwandtschaft (Vaterschaftsnachweis)
- Gentherapie an Körperzellen

Humangenomprojekt

Im Jahr 2003 ist die vollständige Sequenz der 3,2 Milliarden Basenpaare der menschlichen DNA durch das Humangenomprojekt aufgeklärt worden. Im zweiten Abschnitt des Projektes ist man nun damit beschäftigt, die Gene zu finden und ihnen eine Wirkung im Stoffwechsel der Zelle zuzuordnen. Das Ziel ist es, genetische Ursachen von Krankheiten zu erkennen und gezielt im Rahmen einer Gentherapie behandeln oder sogar beseitigen zu können.

Genetischer Fingerabdruck

Um einen Menschen sicher zu identifizieren, werden beim Verfahren des genetischen Fingerabdrucks (*genetic fingerprinting*) **polymorphe DNA-Bereiche** untersucht, die wie der richtige Fingerabdruck individuell unterschiedlich sind.

Besonders viele individuelle Unterschiede finden sich in DNA-Bereichen aus **repetitiven Sequenzen** (kurze Basenfolgen, die sich unterschiedlich oft wiederholen), die keine genetische Information enthalten. Aus der Anzahl der Wiederholungen sowie individuellen Mutationen ergeben sich unterschiedliche Schnittstellen für bestimmte Restriktionsenzyme und damit ein einzigartiges Muster von Restriktionsfragmenten.

Das Verfahren läuft in folgenden Schritten ab:

- **Isolierung von DNA** z. B. aus Zellen der Mundschleimhaut, in Blut-, Speichel- oder Spermaresten
- Vervielfältigung polymorpher Bereiche der DNA mithilfe der **PCR**; zur Sicherheit werden meist drei verschiedene Bereiche untersucht
- Behandlung der DNA mit **Restriktionsenzymen**; es entstehen unterschiedlich lange Restriktionsfragmente
- Gelelektrophorese der DNA-Fragmente führt zu einem individuellen **Bandenmuster**, das durch Fluoreszenz-Farbstoffe sichtbar gemacht wird.

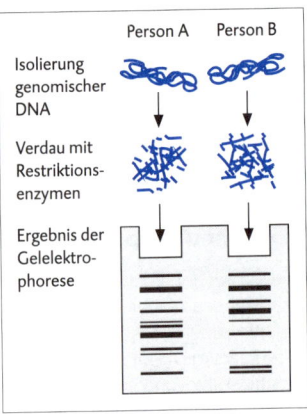

Genetischer Fingerabdruck

Da die für den genetischen Fingerabdruck verwendeten polymorphen DNA-Bereiche keine Eiweiße codieren, ist gesichert, dass außer der Zuordnung und dem Geschlecht keine weiteren individuellen Merkmale preisgegeben werden. Mithilfe des gleichen Verfahrens ist es aber auch möglich, andere DNA-Bereiche auf Veränderungen hin zu untersuchen, die Ursache für eine Erbkrankheit sein könnten. Beispielsweise ist bei Vorliegen der Chorea-Huntington-Krankheit (siehe S. 35) eines der Restriktionsfragmente charakteristisch verlängert, da sich ein bestimmtes Triplett (CGA) innerhalb des Huntingtin-Gens überdurchschnittlich oft wiederholt.

Gentherapie

In der Gentherapie sollen die genetischen Ursachen von Krankheiten durch Einschleusen entsprechender DNA-Fragmente beseitigt werden. Wird die Veränderung nur an Körperzellen vorgenommen, so spricht man von **somatischer Gentherapie**.

Je nachdem, was für ein genetischer Defekt einer Krankheit zugrunde liegt, gibt es hierfür verschiedene Strategien. Am weitesten fortgeschritten sind Versuche zum **Ersatz defekter Gene** durch intakte Kopien, sodass ausgefallene Genprodukte produziert werden können. Bei der Gentherapie von Krebszellen soll mithilfe von „**Antisense-Genen**" die Wirkung der Krebsgene blockiert werden.

Das Einschleusen der Fremdgene kann prinzipiell sowohl außerhalb des Körpers *(ex vivo)* in Zellkulturen als auch direkt im Körper *(in vivo)* erfolgen. In beiden Fällen verwendet man hauptsächlich **Retroviren**, in deren RNA ein Fremdgen anstelle der üblichen Gene für die Virenvermehrung eingefügt wurde. Bei der *Ex-vivo*-Therapie werden Zellen einer Zellkultur mit gentechnisch veränderten Retroviren infiziert, wodurch ein Fremdgen in ein (beliebiges) Chromosom der Eukaryotenzelle eingebaut wird (siehe S. 43). Die so veränderten Zellen werden anschließend vermehrt und zurück in den Körper übertragen.

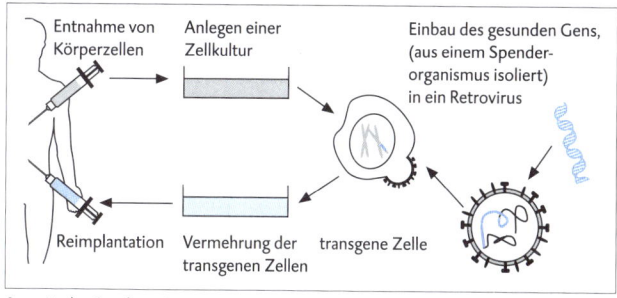

Somatische Gentherapie

Die Veränderung der Gene ist theoretisch natürlich auch an befruchteten Eizellen möglich. Dies entspräche der Manipulation der gesamten Erbinformation eines Individuums, sodass in ferner Zukunft Menschen mit geplanten Eigenschaften geschaffen werden könnten. Eine solche **Gentherapie der Keimbahn** des Menschen ist daher in Deutschland aus ethischen Gründen verboten.

Risiken der Gendiagnose und der Gentherapie

Die Kenntnis und die Manipulierbarkeit des menschlichen Erbgutes werfen zahlreiche **ethische Fragen** auf, die hier aus Platzgründen nicht umfassend behandelt werden können. Auch liegt es nicht im Aufgaben- oder Kompetenzbereich der Biologie als Naturwissenschaft, Regeln und Normen des ethischen Umgangs mit der Gentechnik festzulegen. Dies fällt vielmehr in das Fachgebiet der Ethik und der Gesetzgebung. Aufgabe der Biologie ist es, Chancen und Risiken gendiagnostischer und gentechnischer Methoden beim Menschen darzustellen und damit das nötige Basiswissen für ihre Beurteilung aus ethischer Sicht vorzugeben:

- Mit der Kenntnis des Gesamtgenoms des Menschen ist die Grundlage für eine **Zuordnung** von gewünschten und eher nachteiligen Eigenschaften zu bestimmten Genen und ggf. den **Eingriff** in das Erbgut geschaffen. Für viele Krankheiten oder Eigenschaften gibt es jedoch nicht nur ein verantwortliches Gen. Intelligenz oder Kreativität werden z. B. wahrscheinlich von einem **komplizierten Netzwerk** miteinander verschalteter Gene mitbestimmt, die zusätzlich noch von zahlreichen **Umweltbedingungen** beeinflusst werden. Daher wird die Reduktion des Menschen auf seine Gene auch nach vollständiger Aufklärung der Funktionen der Gene nicht möglich sein.

- Es ist zwar aus den o. g. Gründen technisch unwahrscheinlich, aber theoretisch dennoch denkbar, dass durch die Kombination aus pränataler Gendiagnose und embryonaler Gentherapie in ferner Zukunft die Möglichkeit eröffnet wird, „**Menschen nach Maß**" zu züchten. Hier muss aber auch darauf hingewiesen werden, dass beim Eingriff in das Genom immer die Gefahr von Krankheiten oder Missbildungen besteht und die Rate der Fehlversuche relativ hoch ist.

- Die **Gendiagnose** von Krankheiten, für die es bisher keine Heilung gibt, kann zu schweren seelischen Belastungen führen. Auch ist durch die Diagnose eines veränderten Gens nicht immer gesichert, dass die Krankheit auch wirklich ausbrechen wird (genetisches Netzwerk und Umwelteinflüsse).

- Die **somatische Gentherapie** ist bisher noch sehr unausgereift. Besonders einige Fragen der Sicherheit müssen vor dem *In-vivo*-Einsatz noch geklärt werden, z. B.: Kann durch den unspezifischen Einbau von Fremd-DNA in das Genom **Krebs** ausgelöst werden? Ist es ausgeschlossen, dass die Retroviren durch **Rückmutationen** oder in Kombination mit evtl. im Körper vorhandenen harmlosen Virus-Varianten zu einer schweren Bedrohung für den Körper werden?

5   Entwicklungsbiologie

Ausgehend von einem einzelligen Stadium durchläuft jeder mehrzellige biologische Organismus einen gerichteten **Entwicklungsprozess**. Aufgrund der begrenzten Lebensdauer aller Zellen führt dieser **Wachstums- und Differenzierungsprozess** letztendlich zum Tod des Individuums. Neues Leben entsteht ausschließlich durch Fortpflanzung.

5.1   Fortpflanzung

Man unterscheidet zwischen ungeschlechtlicher (vegetativer) Fortpflanzung und geschlechtlicher (sexueller) Vermehrung.

Ungeschlechtliche Fortpflanzung

Darunter versteht man die asexuelle Vermehrung ohne Befruchtungsvorgänge. Die Nachkommen entwickeln sich durch normale Zellteilung (Mitose) aus den Körperzellen des Elternindividuums, so z. B. bei der **einfachen Zellteilung** der Einzeller.

Es können auch Teile von vielzelligen Organismen abgespalten werden und sich zu eigenständigen Nachkommen entwickeln, die dann eine völlige genetische Übereinstimmung mit dem Elternindividuum aufweisen. Man spricht daher in diesem Zusammenhang auch von **Klonierung**. Beispiele hierfür sind die Sprossknollen bei Kartoffeln, die Ausläufer bei Erdbeeren oder auch die Knospung beim Süßwasserpolypen.

Eingeschlechtliche Vermehrung

Diese auch **Parthenogenese** (Jungfernzeugung) genannte Fortpflanzungsweise besteht in der Entwicklung von Embryonen aus unbefruchteten Eiern. Die Männchen bei Rädertieren und Bienen (Drohnen) entwickeln sich z. B. aus haploiden Eiern, die aus den normalen Reifeteilung (Meiose) hervorgehen. Im Unterschied dazu entstehen bei der Parthenogenese der Gallwespen und Blattläuse durch den Ausfall einer der beiden Reifeteilungen der Meiose diploide Eizellen.

Bei manchen Organismen (z. B. beim Wasserfloh) ist die Parthenogenese die einzig mögliche Art der Fortpflanzung. Bei anderen, wie den Blattläusen, tritt die Parthenogenese nur in bestimmten Generationen auf (**Generationswechsel**, siehe S. 59). Durch sie kann die Reproduktionszeit gegenüber der sexuellen Vermehrung stark verkürzt werden. Es entsteht so schnell eine große Anzahl erbgleicher Nachkommen.

Geschlechtliche Fortpflanzung

Bei der sexuellen Vermehrung entsteht durch die Verschmelzung zweier genetisch unterschiedlicher, haploider **Gameten** (sexuelle Fortpflanzungszellen) die diploide **Zygote** (befruchtete Eizelle). Die sexuelle Fortpflanzung erweist sich in Phasen verstärkter Anpassungsnotwendigkeit an veränderte Bedingungen als vorteilhaft, da durch die Bildung von Fortpflanzungszellen und die Befruchtung das Erbmaterial mehrfach rekombiniert werden kann.

Voraussetzung für die sexuelle Vermehrung ist die Bildung von haploiden Gameten (Spermien und Eizellen) durch die **Reduktion** des diploiden somatischen Chromosomensatzes in der Meiose (Spermatogenese und Oogenese, siehe S. 9 f.). Die Verteilung der Chromosomen auf die aus einer Urkeimzelle entstehenden Gameten erfolgt dabei zufällig. Die **Rekombination** des Erbmaterials wird zusätzlich durch Crossing-over (siehe S. 10) verstärkt.

Der Aufbau der **Spermien** sichert deren Lebensfähigkeit und eigenständige Beweglichkeit. Da sie keine Energiereserven besitzen, sind sie auf energiereiche Phosphate aus der Samenflüssigkeit angewiesen. Eine **Eizelle** kann in geschützten Räumen (Follikel bzw. Fruchtknoten bei Pflanzen) heranreifen und besitzt artspezifisch unterschiedlich große Anteile an Nährgewebe zur Entwicklung der Embryonen.

Während der **Besamung** ermöglicht das Akrosom, ein mit Enzymen gefülltes Golgi-Vesikel (siehe (1) S. 17 f.), dem Spermium in die Eizelle einzudringen. Dazu lösen die Enzyme die äußeren Eihüllen auf und der die DNA enthaltende Spermienkern kann in die Eizelle eindringen. Die **Befruchtung** ist die Verschmelzung der beiden haploiden Zellkerne zu einem Zellkern mit diploidem Chromosomensatz, in dem damit die Erbinformationen zweier Individuen neu kombiniert werden. Die so entstehende Zygote ist das erste Stadium der **embryonalen Entwicklung**.

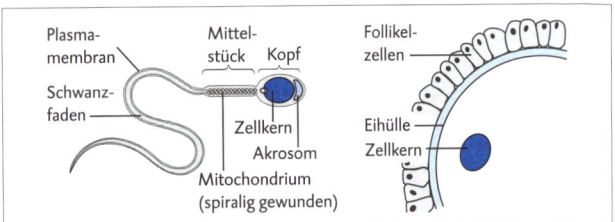

Bau eines menschlichen Spermiums bzw. einer menschlichen Eizelle mit Follikelzellen

Generationswechsel

Ein Generationswechsel liegt vor, wenn sich verschiedene Generationen derselben Art auf unterschiedliche Weise fortpflanzen. Ein Beispiel aus der Tierwelt ist der Generationswechsel zwischen geschlechtlichen Quallen (vermehren sich über Gameten) und asexuellen Polypen (vermehren sich durch Knospung) bei den Nesseltieren.

Während bei den meisten Tieren das Vorkommen haploider Zellen auf die Gameten beschränkt ist, können bei Pflanzen wie Moosen und Farnen auch eigenständige vielzellige haploide Stadien, die **Gametophyten**, auftreten. Diese bilden haploide Gameten, die sich durch Befruchtung zum diploiden **Sporophyten** vereinigen. Der Sporophyt wiederum bildet durch Meiose Sporen, aus denen wieder ein Gametophyt entsteht. Sporophyten- und Gametophytenstadium wechseln einander in einem Generationswechsel ab, der zudem mit einem **Kernphasenwechsel** (haploid ↔ diploid) verbunden ist.

5.2 Keimesentwicklung

Der Begriff **Ontogenese**, von Ernst HAECKEL geprägt, bezeichnet die embryonale Entwicklung eines mehrzelligen Lebewesens von der Zygote bis zur Geburt bzw. bis zum Schlüpfen eines Tieres oder dem Keimen einer Pflanze.

Ontogenese der Blütenpflanzen

Auch bei höheren Samenpflanzen gibt es einen Generationswechsel mit Gameto- und Sporophyt. Allerdings ist die sichtbare Pflanze identisch mit dem Sporophyten, der Gametophyt ist stark reduziert und nur noch in den Blüten zu finden. Die Embryonalentwicklung findet daher in der **Samenanlage** des Sporophyten statt.

Der Embryo wird dort von einer artspezifisch unterschiedlichen Anzahl von Hüllschichten des Fruchtknotens umgeben, die ihn schützen und später Teile von Samen und Früchten bilden. Aus der Zygote entstehen zunächst durch Zellteilungen die **Keimblätter** des Embryos. Am entgegengesetzten Pol wird die Wurzel angelegt. Aus der Endknospe, die zwischen den beiden Keimblättern liegt, entwickelt sich später die Sprossachse.

Beim Auskeimen des Samens wächst der Embryo unter Verbrauch der im Samen gespeicherten Nährstoffe. Der **Stärkevorrat** in den Hüllgeweben (z. B. des Getreidekorns) oder in den Keimblättern des Embryos

(z. B. der Bohne) wird durch Enzyme in Glucose umgewandelt und die anschließend unter Energiegewinn veratmet (siehe (1) S. 48 f.).

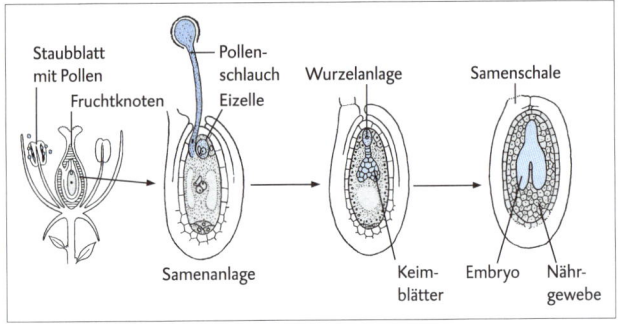

Entwicklung des Embryos in der Samenanlage einer Blütenpflanze

Ontogenese der Tiere

Die embryonale Entwicklung aller höheren Tiere weist eine ganze Reihe von Gemeinsamkeiten auf. In vier Phasen entsteht aus der Zygote ein vielzelliger Organismus:

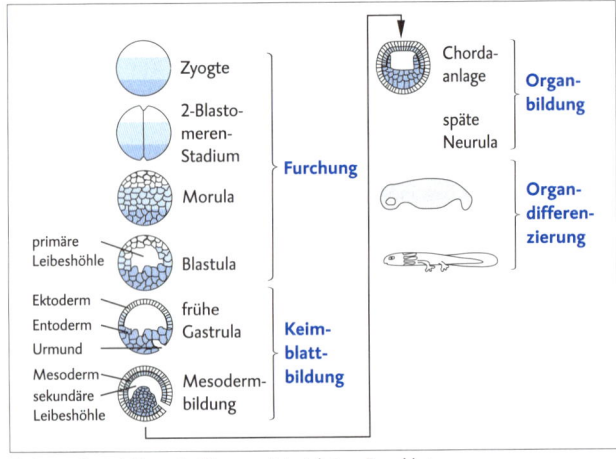

Embryonalentwicklung der Tiere am Beispiel eines Froschkeimes

Durch **Furchung** teilt sich die Zygote zunächst in zwei Tochterzellen (2-Blastomeren-Stadium), diese teilen sich wiederum in je zwei Zellen usw., ohne dass die Gesamtmasse vergrößert wird. Die Zellen werden damit immer kleiner. Alle Zellen sind miteinander verbunden.

Die entstehenden Zellen können, abhängig vom Dottergehalt der Eier, unterschiedlich groß sein. Es gibt daher auch zwei prinzipiell unterschiedliche Furchungstypen:

- Die Teilung von dotterarmen Eiern führt zu fast gleich großen Blastomeren, was als **äquale** Furchung bezeichnet wird.
- Dotterreiche Eier der Amphibien und Fische entwickeln sich ungleich oder **inäqual**. Hier wird der Dotter zunächst nicht mit in die Furchung einbezogen.

Das Ergebnis der Furchung ist die **Blastula**, ein Keimbläschen mit einem flüssigkeitsgefüllten Hohlraum, der auch als **primäre Leibeshöhle** bezeichnet wird.

Durch Einstülpungen oder Einwanderung von Zellen während der **Gastrulation** entsteht aus der Hohlkugel eine zweischichtige Struktur, deren äußere Hülle sich zum **Ektoderm** und deren innere Hülle sich zum **Entoderm** entwickelt. Ekto- und Entoderm stellen die beiden ersten **Keimblätter** des Embryos dar. Die bei der Wanderung entstehende Öffnung bildet den **Urmund** und das Innere des Entoderms entwickelt sich zum **Urdarm**. Bei vielen Tieren (z. B. Würmer, Weichtiere und Gliedertiere) bleibt der Urmund als Mundöffnung erhalten und die Afteröffnung wird nachträglich angelegt (Urmundtiere oder **Protostomier**). Die Neumundtiere **(Deuterostomier)**, zu denen die Wirbeltiere gehören, legen dagegen die Mundöffnung neu an und der Urmund wird zum After.

Nachdem Ekto- und Entoderm prinzipiell angelegt sind, bildet sich durch Anlage des **Mesoderms** in dem Zwischenraum die sekundäre Leibeshöhle heraus.

Aus den drei Keimblättern entwickelt sich die Körpergrundgestalt, deren Ausformung mit der **Neurulation**, der Herausbildung des Nervensystems, beginnt. Das Ektoderm wölbt sich auf der Rückenseite (dorsal) zur Neuralrinne ein, die schließlich das Neuralrohr bilden wird. Das Mesoderm formt in diesem Stadium ein Stützelement als Vorläufer der Wirbelsäule aus, die sog. **Chorda dorsalis**.

Im Verlauf der anschließenden Organ- oder Gewebedifferenzierung entwickeln sich aus jedem der drei Keimblätter bestimmte Organe.

Keimblatt	Organe
Ektoderm	• Nervensystem und Sinnesorgane • Haut und Hautdrüsen, Hornbildungen (Nägel, Haare, Federn, Schuppen, Hufe, Hörner usw.)
Mesoderm	• Skelett, Muskeln und Bindegewebe • Blut, Lymphe und Blutgefäßsystem • Geschlechtsorgane
Entoderm	• Darmschleimhaut und Verdauungsdrüsen • Leber, Harnblase • Schleimhäute des Atmungssystems

Genetische Grundlagen der Entwicklung

Die Entwicklung von der Zygote zur Körpergrundgestalt erfordert eine Reihe genau abgestimmter mitotischer Teilungen, bei denen zunächst undifferenzierte Blastomeren (Furchungszellen) entstehen. Aus diesen bilden sich dann die unterschiedlichen Gewebe und Organe. Es erfolgt also eine numerische, zeitliche und lokale **Differenzierung** der Zellen während der embryonalen Entwicklung.

Klassische Untersuchungen zur Regulation der embryonalen Entwicklung wurden u. a. durch SPEMANN (1869–1941) an Molchkeimen vorgenommen. Seine **Schnürungsversuche** mit unterschiedlichen Blastomerenstadien ergaben einige grundlegende Feststellungen:

• Die Blastomeren von sogenannten **Regulationskeimen** (z. B. von Molch oder Seeigel), sind umso stärker potent (entwicklungsfähiger), je jünger sie sind. Eine im Blastula-Stadium abgeschnürte Zelle ist totipotent, d. h., sie kann sich noch zu allen Geweben eines Körpers differenzieren. Daher kann aus ihr noch ein vollständiger neuer Organismus entstehen. Je weiter die Entwicklung fortschreitet, desto stärker tritt die Bestimmung **(Determination)** einer Zelle in den Vordergrund. Im Gastrula-Stadium kommt es zu einer irreversiblen Festlegung des weiteren Entwicklungsweges jeder Zelle.

• Bei den sog. **Mosaikkeimen** (z. B. der Insekten) ist die zukünftige Bedeutung der Zellen zum großen Teil bereits von Anfang an vorherbestimmt. Aus abgeschnürten Blastomeren bilden sich nur noch nicht lebensfähige Teilembryonen.

Die **Transplantation** von Gewebestücken aus einer Blastula auf andere Blastula-Keime zeigt, dass die Blastomeren sich entsprechend der Stelle weiterentwickeln, in die sie eingepflanzt wurden. Hier bestimmt das umgebende Gewebe die Differenzierung der noch nicht determinierten

Zellen. Stammt das transplantierte Gewebe aus einer Gastrula, bewirkt es in seiner neuen Umgebung die Bildung desjenigen Organs, zu dem es sich an seinem Ursprungsort entwickelt hätte. Die Wirkung der bereits determinierten auf die umliegenden Zellen nennt man **Induktion**.

Die Differenzierung zu unterschiedlichen Zelltypen und deren präzise Einordnung in sich bildendes, spezialisiertes Gewebe ist an die Wirkung von spezifischen Proteinen (Struktureiweiße und Enzyme) gebunden. Diese müssen entsprechend einem zugrunde liegenden „Entwicklungsprogramm" in der jeweiligen Zelle zu einem genau definierten Zeitpunkt und in der richtigen Menge gebildet werden.

Die Synthese der für die Entwicklung notwendigen Proteine wird durch **differenzielle Genexpression** gesteuert, also durch die regulierte Veränderung der Genaktivität (siehe S. 28 f.). Unterschiedlich aktive Gene lassen sich gut an Riesenchromosomen von Insekten beobachten. Die gerade transkribierten Bereiche erscheinen als Aufblähung **(Puff)**.

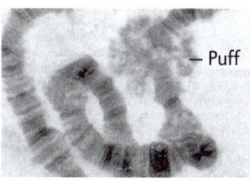

– Puff

Riesenchromosom aus der Speicheldrüse einer Insektenlarve

Die für die Aktivierung dieser Gene verantwortlichen Transkriptionsfaktoren werden wiederum von Genprodukten anderer Genorte reguliert, sodass man von einer **Hierarchie der Gene** sprechen kann. Es entsteht ein kompliziertes regulatives Netzwerk, dass neben inneren auch von äußeren Faktoren wie Temperatur oder Licht beeinflusst wird.

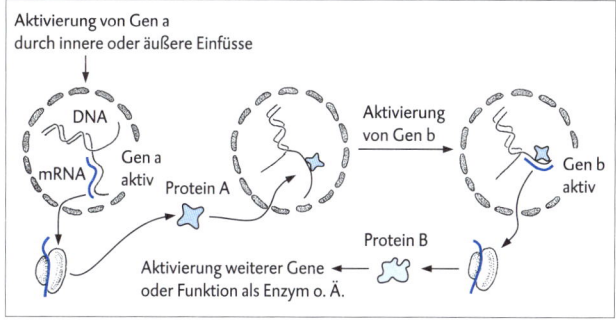

Schema zur Genhierarchie

5.3 Reproduktionstechniken

Die Erkenntnisse über den Verlauf der Ontogenese haben zur Entwicklung von Methoden geführt, die den natürlichen Weg der Fortpflanzung ergänzen oder sogar ersetzen können. In erster Linie geht es um die effektive Weitergabe, nicht um die Veränderung der Erbinformation. Die modernen Verfahren können aber auch gentechnische Eingriffe in das Erbgut der embryonalen Zellen ermöglichen.

Künstliche Befruchtung und PID

Unter dem Begriff „künstliche Befruchtung" wird eine Gruppe von Methoden zur Behandlung von Fruchtbarkeitsstörungen beim Menschen zusammengefasst, mit deren Hilfe ein Kinderwunsch erfüllt werden soll, wenn dies auf natürlichem Wege nicht möglich ist. Hierzu gehören neben der **hormonellen Behandlung** bei Frau und Mann auch die künstliche Besamung der Frau und nicht zuletzt die Entnahme von Eizellen zur Befruchtung außerhalb des Körpers **(*In-vitro*-Fertilisation)**. Zudem ließe sich die *In-vitro*-Fertilisation mit einer **Präimplantationsdiagnostik (PID)** kombinieren. Hierbei wird dem frühen, außerhalb der Gebärmutter vorliegenden Embryo eine Zelle entnommen, deren Erbgut dann mittels Gendiagnoseverfahren analysiert werden kann (siehe S. 54). Zur Implantation würden dann nur die Embryonen mit den gewünschten Eigenschaften verwendet werden. Da die dem Embryo entnommene Zelle aber totipotent ist, also prinzipiell noch einen vollständigen Organismus bilden könnte, ist die PID an menschlichen Embryonen in Deutschland verboten.

Künstliche Besamung wird vielfach auch in der Tierzucht eingesetzt, um möglichst schnell viele Nachkommen von besonders leistungsfähigen Nutztieren zu erhalten. Hormonell vorbehandelte Zuchtkühe, in deren Eierstöcken bis zu 12 Eizellen gleichzeitig herangereift sind, werden mit dem Ejakulat eines Zuchtbullen besamt. Die entstehenden Zygoten werden ausgespült und in die Gebärmütter von Ammenkühen eingepflanzt **(Embryonentransfer)**. Es besteht auch die Möglichkeit, die sehr jungen Embryonen (im 8-Zell-Stadium) zusätzlich vor der Implantation zu teilen **(Embryonensplitting)**. Aufgrund der Totipotenz der Blastomeren wachsen aus allen Teilen vollständige Tiere mit genau gleichem Erbgut **(Klone)** heran.

Reproduktives Klonen

Bei diesem Klonierungsverfahren, das der einfachen und schnellen Vermehrung von Nutztieren mit erwünschten Eigenschaften dienen soll, wird der Kern einer Körperzelle des zu vermehrenden Tieres in eine entkernte Spendereizelle eingepflanzt. Aus dieser Zygote wächst ein Klon des Kernspenders heran. Diese Methode könnte zur Vervielfältigung des erhaltenen Klons zusätzlich mit einem **Embryonensplitting** kombiniert werden.

Allerdings ist die Methodik des reproduktiven Klonens bisher noch nicht ausgereift. So war das berühmte Klonschaf **„Dolly"** das Ergebnis des 278. Klonierungsversuchs; alle anderen Embryonen waren aus unbekannten Gründen in den Frühstadien der Entwicklung abgestorben.

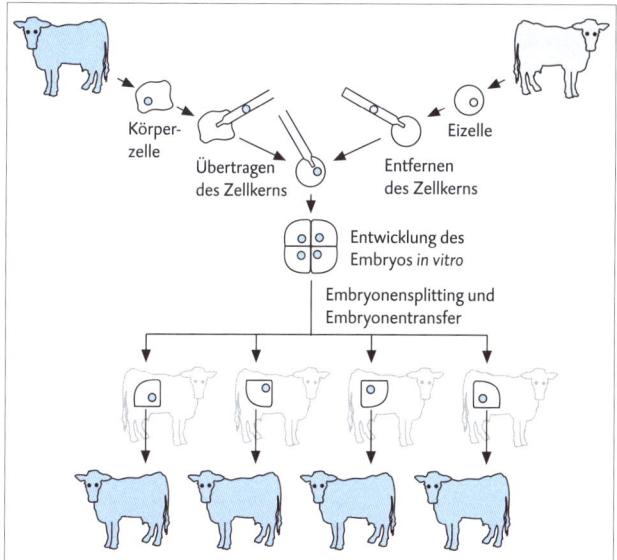

Reproduktives Klonen von Tieren

Therapeutisches Klonen

Eng verwandt mit dem reproduktiven Klonen ist das Klonieren zu therapeutischen Zwecken. Es hat nicht die Schaffung von geklonten Individuen zum Ziel, sondern die Gewinnung von Material für spätere **Gewebe- oder Organtransplantationen**. Dazu könnten in Analogie zum reproduktiven Klonen Zellkerne aus bereits ausdifferenzierten Körperzellen des Patienten entnommen und in eine entkernte Spendereizelle übertragen werden. Der entstehende Embryo wird dann aber nicht einer Leihmutter eingesetzt, sondern ihm werden totipotente Blastomeren, die sog. **embryonalen Stammzellen**, entnommen. Diese könnten dann im Labor durch Zugabe von Wachstumsfaktoren zu einem bestimmten Gewebe oder Organ differenziert werden, das dann wiederum bei einem Empfänger erkranktes Gewebe oder Organe ersetzen könnte.

Der Vorteil gegenüber einer herkömmlichen Organspende wäre, dass die immunologische Ausstattung der Zellen mit dem Immunsystem des Empfängers (und Kernspenders) übereinstimmt. Auf diese Weise ließen sich die sonst bei Organtransplantationen problematischen Abstoßungsreaktionen (siehe S. 75) vermeiden. Außerdem wäre es möglich, Gendefekte in der DNA des Zellspenders, die z. B. zum Absterben von Nervengewebe bei dem Patienten geführt haben, vor der Vermehrung der Stammzellen durch **gentechnische Maßnahmen** zu korrigieren.

Der Einsatz des therapeutischen Klonens ist jedoch aufgrund der Verwendung von totipotenten embryonalen Zellen in Deutschland verboten.

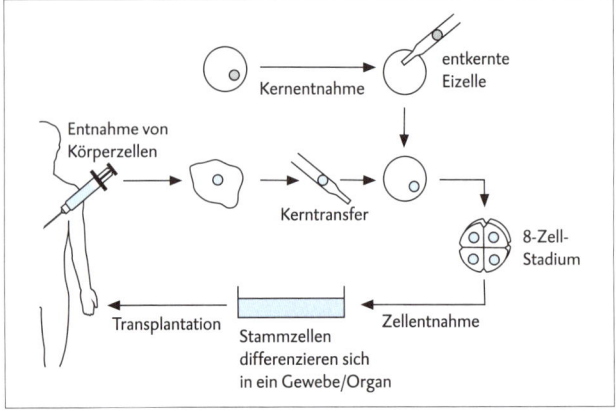

Therapeutisches Klonen

Immunbiologie

6 Abwehrmechanismen

Das Immunsystem des Körpers übernimmt vielfältige Aufgaben und ist eine grundlegende Voraussetzung zum Überleben. Die Notwendigkeit eines gut organisierten Abwehrsystems bei allen vielzelligen Organismen ergibt sich aus folgenden Tatsachen:

- Ihr inneres Milieu stellt einen idealen Nährboden für mikrobielle Krankheitserreger **(Pathogene)** und **Parasiten** dar.
- Von außen aufgenommene oder durch Krankheitserreger gebildete, meist organische Moleküle und Eiweißpartikel können als **Giftstoffe** (Toxine) den Stoffwechsel stören.
- Entartete körpereigene Zellen (Krebs, siehe S. 33 f.) beeinflussen durch **Tumorbildungen** ebenfalls die Homöostase (das Gleichgewicht) im Stoffwechsel der Organismen.

Man unterscheidet die angeborenen, unspezifischen Abwehrmechanismen von den spezifischen, erworbenen Immunreaktionen.

6.1 Unspezifische Abwehr

Diese Form der Abwehr besteht in einer **allgemeinen Resistenz** gegen eine Infektion (Ansteckung) mit Krankheitserregern. Es handelt sich um artspezifische **Barrieren**, die mechanisch oder chemisch das Eindringen bzw. auf zellulärer Ebene die weitere Verbreitung und Vermehrung von schädigenden Mikroorganismen verhindern oder einschränken sollen. Die unspezifische Abwehr ist **angeboren** und vermittelt von der Geburt an eine Art „Basisschutz" gegen Krankheiten.

Systeme	Beispiele	Wirkungsweise
epidermale Barrieren	• verhornte Haut	Verhinderung des Eindringens
	• Schleimhäute, Wimpern	Abtransport durch Schleim und Wimpernschlag
	• Symbionten	„Besetzung" der Schleimhautbereiche durch Bakterien und Hefen

Systeme	Beispiele	Wirkungsweise
chemische Barrieren	• niedriger pH-Wert im Magen (pH 1,5), Säureschutzmantel der Haut und der Schleimhäute	Abtötung von Keimen
	• Lysozym	Auflösen von körperfremden Zellen (z. B. Tränenflüssigkeit)
zelluläre Barrieren	• natürliche Killerzellen, Makrophagen (Riesenfresszellen), Mastzellen	Phagozytose und Lyse von Erregern
	• Komplementsystem (Protein-Abwehrsystem)	erkennt fremde Eiweiße, trägt zur Lyse von fremden Zellen bei und alarmiert Fresszellen

6.2 Spezifische Abwehr

Die spezifische Abwehr führt zur **erworbenen Immunität** (Unempfindlichkeit), die sich gegen bestimmte Krankheitserreger oder körperfremde Makromoleküle richtet, die die Resistenzbarrieren überwunden haben.
Die Grundlagen der spezifischen Immunreaktionen sind genetisch festgelegt. Aufgrund der Vielfalt und Variabilität der Krankheitserreger und Toxine sind aber ständige **Anpassungs- und Speicherprozesse** notwendig. Das Immunsystem „lernt" im Laufe des Lebens immer mehr Erreger und Toxine kennen und speichert deren Strukturen, um sie bei einem erneuten Eindringen effektiver bekämpfen zu können.

Antigene und Antikörper

Alle körperfremden Strukturen, die Immunreaktionen auslösen, werden als **Antigene** bezeichnet. Die Erkennung körperfremder Eindringlinge, z. B. von Viren, erfolgt anhand spezifischer **Oberflächenstrukturen** wie den viralen Hüllproteinen oder Rezeptormolekülen. Diese Erkennungszonen **(antigene Determinanten)** sind meist auf bestimmte Abschnitte (sog. **Epitope**) eines Makromoleküls konzentriert.
Antikörper übernehmen die Erkennung der antigenen Determinanten nach dem Schlüssel-Schloss-Prinzip. Antikörper sind komplexe Proteine aus der Klasse der **Globuline** (Immunglobuline = Ig), die frei in den Körperflüssigkeiten (Blut und Lymphe) transportiert werden oder an Zellen, wie T-Lymphozyten oder Mastzellen, gebunden sind.

Alle Antikörpertypen besitzen grundsätzlich eine ähnliche Struktur. Sie bestehen aus leichten (L-Kette) und schweren Polypeptidanteilen (H-Kette) mit konstanten und variablen Abschnitten, die untereinander durch Schwefelatome (Disulfidbrücken) verbunden sind. Die variablen Teile der L- und H-Ketten bilden zusammen die Antigen-Bindungsstelle.

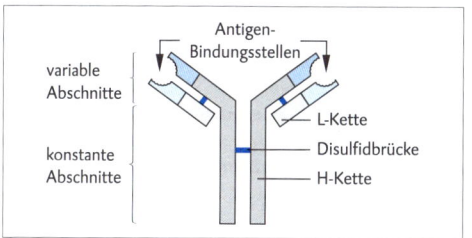

Struktur der Immunglobuline

Es existieren sechs verschiedene **Immunglobulin-Klassen**, bei denen die Antikörper teilweise untereinander verbunden sind und im Immunsystem unterschiedliche Aufgaben erfüllen.

Klasse	Aussehen	Vorkommen	Funktionen
Ig A	dimere Struktur (zwei verbundene Antikörper)	Schleimhäute	Abwehr im Verdauungssystem und in der Muttermilch
Ig D	monomer	alle Körperflüssigkeiten	Aktivierung von Lymphozyten
Ig E	monomer	an Mastzellen gebunden	Erstabwehr an der Körperoberfläche
Ig G	monomer	vorwiegend Lymphe	Hauptklasse zur Antigenbindung
Ig M	pentamer	Blut	Erstabwehr im Blut

Die dem Körper zur Verfügung stehenden Antikörper mit verschiedenen Antigen-Bindungsstellen entstehen nach der **Klon-Selektionstheorie:** Die Gene für den konstanten Teil werden zufällig mit einem der vielen Allele kombiniert, die für den variablen Teil existieren. Es können mehrere Milliarden Möglichkeiten für die Andockstelle an antigene Determinanten ausgebildet werden.

Die Antikörper, die im Blut zu finden sind, sind immer **polyklonal**, d. h., es gibt mehrere Antikörper gegen ein und denselben Erreger, die an dessen verschiedene Epitope (meist Sekundär- oder Tertiärstrukturen von Proteinen, siehe (1) S. 9 f.) binden. Zur Herstellung von **monoklonalen Antikörpern**, wie sie z. B. beim medizinischen Nachweis von Hormonen eingesetzt werden, müssen aktivierte B-Lymphozyten (siehe S. 71) aus dem Körper isoliert und im Labor gezielt vermehrt werden.

Antikörper binden an passende Antigene und können dadurch z. B. die Rezeptoren eines Virus blockieren, sodass dieser keine Zellen mehr befallen kann. Mehrere Erreger können durch die Bildung eines Antigen-Antikörper-Komplexes miteinander verbunden werden **(Agglutination)**. Auch andere Makromoleküle können durch Antikörper vernetzt werden, sodass sie unlösliche Klumpen bilden **(Präzipitation)**. Diese Gebilde werden anschließend von **Fresszellen** wie den Makrophagen aufgenommen (phagozytiert) und verdaut.

Antigen-
Antikörper-
Komplex
(polyklonale
Antikörper)

Ablauf der Immunreaktion

Der erste Schritt der Immunantwort ist die sog. **Erkennungsphase**: Makrophagen nehmen Erreger durch Phagozytose auf und präsentieren die Bruchstücke an MHC-Proteinen (siehe S. 75) auf ihrer Zellmembran. Gleichzeitig produzieren sie den Botenstoff Interleukin 1.

In der zweiten Phase, der sog. **Differenzierungsphase**, werden die Lymphozyten, spezielle Formen der weißen Blutkörperchen (Leukozyten), zur Teilung und Differenzierung angeregt.
Verschiedene differenzierte **T-Lymphozyten** (T-Zellen) vernichten in der zellulären oder **zellvermittelten Immunantwort** körpereigene Zellen, die von Viren befallen oder durch Mutationen zu Krebszellen geworden sind. Die Vorläuferzellen der T-Lymphozyten entwickeln sich in der Thymusdrüse. Die zelluläre Immunantwort läuft vereinfacht in folgenden Schritten ab:

- T-Lymphozyten, die auf ihrer Oberfläche antikörperähnliche Rezeptoren (T-Zell-Rezeptoren) besitzen, lagern sich an „passende" antigene Determinanten der Makrophagen an.
- Der entsprechende T-Lymphozytentyp vervielfacht sich durch mitotische Teilungen und differenziert sich dabei zu T-Killerzellen, T-Helferzellen, T-Gedächtniszellen und T-Unterdrückerzellen.
- **T-Helferzellen** produzieren Botenstoffe wie Interleukin 2, die die spezifische Bildung und Vermehrung von T-Killerzellen, T-Gedächtniszellen und T-Unterdrückerzellen unterstützen. Über den Kontakt mit T-Zellrezeptoren und Botenstoffen werden durch die T-Helferzellen auch die B-Zellen zur Zelldifferenzierung angeregt und so die humorale Immunantwort aktiviert (s. u.).
- **T-Killerzellen** lagern sich an Antigendeterminanten an der Oberfläche von befallenen Zellen an, lösen mithilfe des Enzyms Perforin deren Membranen auf und zerstören schließlich dadurch die infizierte Zelle (Lyse).
- **T-Gedächtniszellen** sind sehr langlebig. Wenn ihre T-Rezeptoren bei einer erneuten Infektion mit dem gleichen Antigen in Kontakt kommen, wird unverzüglich die Immunreaktion ausgelöst. Dadurch wird die Effizienz des Immunsystems wesentlich gesteigert und dies ist auch der Grund, weshalb manche Infektionskrankheiten nur einmal im Leben auftreten können.

Die **B-Lymphozyten** (B-Zellen) werden im Knochenmark gebildet und stellen die Basis der **humoralen Immunantwort** dar, bei der die Erreger und Fremdkörper in den Körperflüssigkeiten mithilfe der Antikörper bekämpft werden. Die Antikörperbildung erfolgt in den B-Zellen in folgenden Schritten:
- Zunächst erfolgt die Aktivierung von ruhenden B-Lymphozyten durch Kontakt mit den antigenen Determinanten der Makrophagen und den T-Helferzellen sowie deren Botenstoffen.
- Aktivierte B-Zellen vermehren sich massenhaft und differenzieren sich zu **B-Plasmazellen** aus, die Antikörper mit den spezifischen Antigen-Bindungsstellen produzieren.
- Gleichzeitig entstehen **B-Gedächtniszellen**, die nach erneutem Kontakt mit antigenen Determinanten oder T-Helferzellen sofort in Plasmazellklone umgewandelt werden und Antikörper bereitstellen.

In der **Wirkungsphase** entstehen dann **Antigen-Antikörper-Komplexe**; frei in den Körperflüssigkeiten vorliegende Erreger werden präzipitiert und von Makrophagen verdaut.

Mit abnehmender Konzentration an Erregern beginnt die **Abschalt-phase**, in der **T-Unterdrückerzellen** durch die Ausschüttung spezifi-scher Zytokine die Vermehrung der T-Lymphozyten reduzieren.

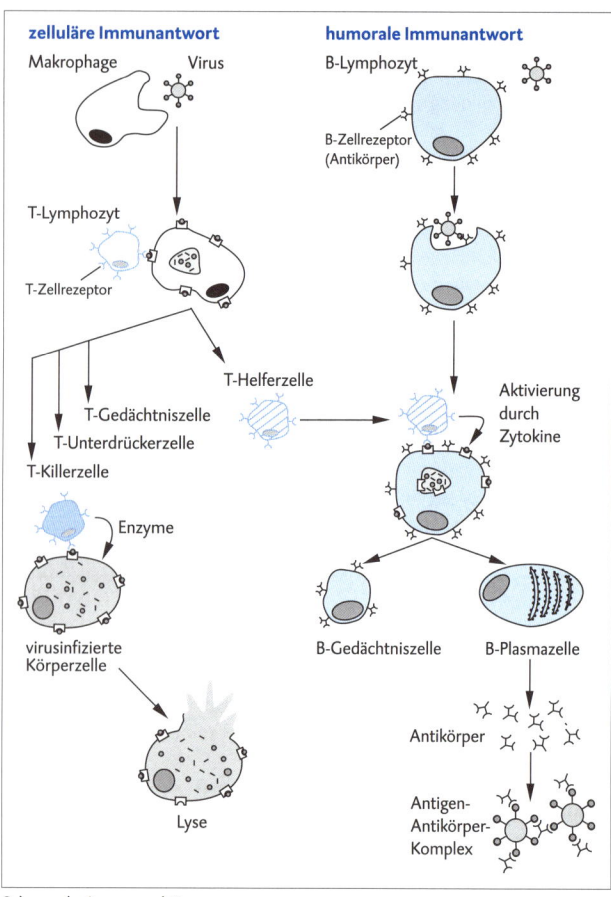

Schema der Immunreaktion

Immungedächtnis

Die oben beschriebenen Vorgänge der humoralen und der zellvermittelten Immunantwort laufen nur beim Erstkontakt mit einem Erreger auf diese Weise ab. Die während dieser sog. **primären Immunantwort** gebildeten T-und B-Gedächtniszellen sind die Grundlage für das **Immungedächtnis**. Die Merkmale der antigenen Determinanten werden in Form der Zellrezeptoren auf der Oberfläche der langlebigen Gedächtniszellen gespeichert. Da bei einem erneuten Auftreten des gleichen Antigens bereits vorhandene Gedächtniszellen aktiviert werden, ist die **sekundäre Immunantwort** sehr viel schneller und intensiver als die Primärantwort.

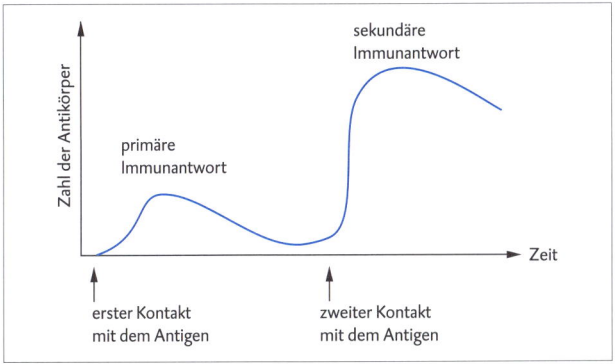

Immungedächtnis

6.3 Impfungen

Als Maßnahmen gegen Infektionskrankheiten werden vielfach **Schutzimpfungen** eingesetzt. Man unterscheidet dabei die aktive und die passive Immunisierung. Allgemein versteht man unter einer Immunisierung die Entwicklung von Immunität, also die Ausbildung einer Unempfindlichkeit gegenüber Krankheitserregern und Toxinen.

Aktive Immunisierung

Hierbei werden zur Vorbeugung gegen eine Infektionskrankheit abgeschwächte, abgetötete oder veränderte Erreger oder nur deren **antige-**

ne Determinanten verwendet. Es läuft die beschriebene primäre Immunantwort ab, die neben der Bildung von Antikörpern vor allem zur Differenzierung von Gedächtniszellen führt. Bei erneutem Kontakt mit dem Antigen kann dann die sekundäre Immunantwort ablaufen, sodass ein schneller und effektiver Schutz gegen den Erreger gewährleistet ist. Die aktive Immunisierung ist zudem sehr stabil und bietet einen Langzeitschutz gegen viele Erreger und Toxine.

eingesetztes Antigen	Beispiele für Impfungen gegen
lebende abgeschwächte Erreger	Tuberkulose, Masern, Mumps, Röteln
abgetötete Erreger	Grippe (Influenza), Tollwut, Cholera, Kinderlähmung, Hepatitis A
gereinigte antigene Determinanten	spezielle Formen der Hirnhautentzündung
gentechnisch hergestellte antigene Determinanten	Hepatitis B

Passive Immunisierung

Bei einer passiven Immunisierung, die als Heilverfahren bei einer bereits ausgebrochenen Erkrankung durchgeführt wird, injiziert man dem Patienten spezifische, gegen den Erreger oder das Toxin gerichtete Antikörper. Diese Antikörper erhält man aus dem Blut von Tieren, die mit dem Erreger infiziert wurden bzw. denen das Toxin gespritzt wurde. Das gereinigte Blutserum (Blutplasma ohne das Gerinnungsprotein Fibrinogen) wird als Impfserum verwendet.

Diese Form der Immunisierung wirkt sehr schnell und unterstützt die körpereigene Abwehr. Als Nachteile erweisen sich aber die relativ kurze Wirkungsdauer (da kein Immungedächtnis aufgebaut werden kann) und die im Impfserum meist enthaltenen körperfremden Eiweiße, die eine immunologische oder allergische Reaktion auslösen können.

Beispiele für Krankheiten, auf deren Ausbruch mit einer passiven Immunisierung reagiert wird, sind Masern, Mumps, Röteln, Diphtherie, Hepatitis A und B, Windpocken, Tetanus und Tollwut. Auch die Vergiftungen mit einigen Schlangen- und Insektentoxinen werden mit einer Injektion von Antikörper-Seren bekämpft.

7   Erkrankungen des Immunsystems

Das Immunsystem kann durch innere und äußere Einflüsse in seiner Wirksamkeit beeinträchtigt werden. Dabei kann es zur Verminderung seiner Leistungsfähigkeit bis hin zum Zusammenbruch (Immunschwächeerkrankungen wie z. B. **AIDS**), zum Angriff auf körpereigene Zellen **(Autoimmunerkrankungen)** oder zu unverhältnismäßigen Reaktionen auf harmlose Fremdstoffe **(Allergien)** kommen.

7.1   Autoimmunerkrankungen

Grundlage der Immunität ist die Unterscheidung zwischen „eigen" und „fremd". Bei einer Autoimmunreaktion ist die sog. **Immuntoleranz gestört** und eigene Zellen werden fälschlicherweise als Fremdkörper erkannt und angegriffen.

Immuntoleranz

Da alle Zellen auf ihrer Oberfläche potenzielle Antigene tragen, muss bereits in der Embryonalentwicklung festgelegt werden, dass das Immunsystem Oberflächenantigene körpereigener Zellen ignoriert **(Immuntoleranz)**. So konnte gezeigt werden, dass die Vermehrung von T- und B-Lymphozyten, die Zellrezeptoren gegen körpereigene Strukturen enthalten, bereits im sich entwickelnden Fötus gezielt unterdrückt wird.

Zur Erkennung der eigenen (und auch fremder) Zellen dienen spezielle Glykoproteine auf der Oberfläche von Zellmembranen (siehe (1) S. 15). In ihrer Gesamtheit werden sie als **MHC** (*Major Histocompatibility Complex*, Haupt-Histokompatibilitätskomplex) bezeichnet. Aufgabe des MHC im Körper ist die Präsentation von spezifischen körpereigenen Antigenen an der Zelloberfläche einer jeden Körperzelle. An deren Zusammensetzung kann das Immunsystem von Viren befallene oder mutierte Zellen erkennen: Werden an einem MHC unbekannte Proteinbruchstücke festgestellt, handelt es sich mit Sicherheit um eine Zelle, die von T-Killerzellen eliminiert werden sollte.

Die vielfältigen Kombinationsmöglichkeiten der den MHC kodierenden Gene stellen die Basis für die Gewebespezifität und die Einmaligkeit der Zelloberflächen-Merkmale jedes Individuums dar. Der Name MHC geht auf die Entdeckung der bei **Organtransplantationen** häufig auftretenden Abstoßungsreaktionen zurück: Nur wenn Spender und Empfänger einen sehr ähnlichen MHC haben, sind ihre Organe (griech. *histos*) kompatibel. Andernfalls müssen die auftretenden Abstoßungsreaktionen durch **Immunsuppressiva** (Medikamente, die das Immunsystem schwächen, z. B. Kortisonpräparate) unterdrückt werden. Dadurch kann sich der Körper allerdings auch gegen Krankheitserreger oder Krebszellen nicht mehr schützen und das Risiko für diese Art der Erkrankungen steigt.

Autoimmunreaktion

Bei Autoimmunerkrankungen richtet sich die Wirkung des Immunsystems auf körpereigene Zellen, da sie nicht mehr anhand des MHC erkannt werden. Sie werden daher wie Krankheitserreger oder Toxine bekämpft. Es bilden sich also Antikörper und T-Killerzellen gegen die Gewebsantigene des eigenen Körpers. Ein möglicher Auslöser für einen solchen Immundefekt ist die Infektion mit einem Erreger, der große Ähnlichkeit mit dem eigenen MHC besitzt. Daneben werden auch erbliche Dispositionen, Schwangerschaft, Umweltfaktoren und Stress als mögliche Ursachen gesehen.

Die Therapie von Autoimmunerkrankungen besteht – wie bei der Organtransplantation – in der **Immunsuppression**. Es gibt mehr als 60 sehr unterschiedliche Erkrankungen, bei denen zumindest ein dringender Verdacht auf eine Autoimmunreaktion besteht.

Autoimmunerkrankung	Krankheitsursache
Diabetes mellitus Typ-I	Zerstörung der Insulin bildenden Zellen der Bauchspeicheldrüse
Multiple Sklerose	Zerstörung der Myelinscheiden an Nervenzellen
Autoimmune Hepatitis	Zerstörung von Leberzellen

7.2 Immunschwäche

Es gibt vielfältige Immunschwächeerkrankungen, die allgemein auf angeborenen oder erworbenen Defekten des Immunsystems beruhen. Dabei können die Mechanismen der zellvermittelten oder der humoralen Immunantwort bzw. beide betroffen sein.

Angeborene Immundefekte

Ursachen eines **angeborenen Immundefekts** sind Mutationen im Gen des betreffenden Immunproteins. Ein Beispiel ist SCID (engl. *Severe*

Combined Immunodeficiency, schwerer kombinierter Immundefekt), bei dem durch einen Gendefekt die Aktivierung der B- und T-Lymphozyten im Rahmen einer spezifischen Immunantwort verhindert wird. Infektionen führen daher meist schon im frühen Kindesalter zum Tod, wenn die Patienten nicht in einer völlig sterilen Umgebung aufwachsen („*bubble babies*"). SCID ist eine der wenigen Krankheiten, die sich durch Gentherapie mit einem gewissen Erfolg behandeln lässt (siehe S. 55).

Erworbene Immundefekte
Erkrankungen des Knochenmarks (Leukämie), immunsuppressive Medikamente oder HI-Viren verursachen die sog. **erworbenen Immundefekte**. Die bekannteste erworbene Immundefekterkrankung ist **AIDS** (*Acquired Immune Deficiency Syndrome*). Sie wird durch den HI-Virus (engl. *Human Immunodeficiency Virus*) verursacht und ist seit 1982 diagnostizierbar. Die Diagnose einer HIV-Infektion erfolgt durch den Nachweis von HIV-spezifischen Antikörpern im Blut von Betroffenen.
Nach der Ansteckung mit HIV über Körperflüssigkeiten wie Blut und Sperma kommt es zu einer mehrere Wochen umfassenden **akuten Phase** mit grippeähnlichen Symptomen (Fieber, geschwollene Lymphknoten usw.). Danach können bis zum Ausbruch der AIDS-Krankheit viele vollkommen beschwerdefreie Jahre vergehen, da sich die HI-Retroviren in das Genom der Wirtszellen integrieren und dort ruhen können (**Latenzphase** der HIV-Erkrankung).
Hauptangriffspunkt der HI-Viren sind die T-Helferzellen der zellulären Immunabwehr. Da diese eine zentrale Stellung im gesamten Immunsystem einnehmen, kommt es nach Ausbruch der Krankheit systematisch zum Zusammenbruch der Immunabwehr. Aufgrund des zunehmend unwirksamen Immunsystems treten oft **sekundäre Infektionen** wie Lungenentzündung oder Tuberkulose auf. Außerdem haben AIDS-Patienten oft Krebs, da das gezielte Abtöten von mutierten Zellen durch das Immunsystem ebenfalls nicht erfolgen kann.

7.3 Allergien

Als Allergie bezeichnet man eine übermäßige Reaktion des Immunsystems auf eigentlich harmlose Stoffe, die damit zu allergieauslösenden Stoffen, den sog. **Allergenen** werden. Dazu gehören:
- **Kontaktallergene**, z. B.: Federn, Haare, Pollen, Formaldehyd, Gummiartikel, Metalle (z. B. Nickel), Zusatzstoffe in Kunststoffen

- **Inhalationsallergene**, z. B.: Blütenpollen, Hausstaubmilbenkot, Haare und Federn, Pilzsporen, Lösungsmittel in Lacken und Leimen
- **Nahrungsmittelallergene**
- **Insektengifte**, z. B.: Bienen- und Wespen-Gift
- **allergene Medikamente**, z. B.: Antibiotika

An der Ausbildung von allergischen Reaktionen sind hauptsächlich die Immunglobulin-E-Antikörper **(IgE)** und die **Mastzellen** beteiligt. Beim Erstkontakt mit einem Antigen des späteren Allergens bilden Plasmazellen spezifische IgE-Moleküle, die sich an Rezeptoren an der Zelloberfläche der Mastzellen binden. Beim erneuten Kontakt mit dem Allergen setzen solche mit den IgE-Molekülen besetzten Mastzellen das in ihren Golgi-Vesikeln enthaltene **Histamin** und Serotonin frei. Im Gegensatz zu Nicht-Allergikern funktioniert bei Allergikern die Abschaltung der Immunreaktion durch die entsprechenden T-Unterdrückerzellen nicht. Dies führt zu den typischen allergischen Reaktionen wie Entzündungen, Schwellungen der Schleimhäute und erhöhte Sekretproduktion.

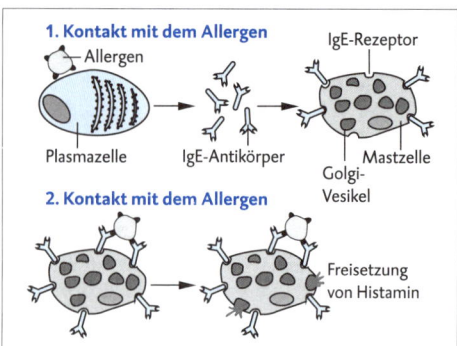

Allergische Reaktion

Die Ursachen für die übermäßige Reaktion des Immunsystems auf harmlose Allergene sind noch nicht vollständig geklärt. Es gibt dazu eine Reihe von mehr oder weniger gesicherten Hypothesen, z. B.:
- genetische Veränderungen und erbliche Dispositionen
- fehlende Belastung des Immunsystems im Kindesalter
- Veränderungen der Ökologie der Bakterien (z. B. durch Antibiotika)
- Vielzahl komplexer Zusatzstoffe in Nahrungsmitteln
- psychosomatische Effekte

Evolution

8 Historische Entwicklung des Evolutionsgedankens

Der Begriff Evolution (von lat. *evolvere* = auseinanderrollen, entwickeln) bezieht sich im Allgemeinen auf den Ursprung und die Umwandlung bzw. Weiterentwicklung von Elementen in einem System.

In der Biologie untersucht die Evolutions- oder **Abstammungslehre** die allmähliche Entfaltung der Lebewesen bis hin zu den heute beobachtbaren Formen. Dabei werden die Entstehung des Lebens und die Entwicklung des Menschen mit einbezogen.

Vorstellungen von den **Ursprüngen** des Lebens bzw. des Menschen gab es schon lange bevor wissenschaftliche Methoden zu deren Erforschung eingesetzt wurden. Sie veränderten sich im Verlaufe der Menschheitsgeschichte und reflektierten stets die vorherrschenden gesellschaftlichen Verhältnisse. Biologische Evolution ist sehr schwer zu beobachten, da sie meist in Zeiträumen abläuft, die die Lebensspanne eines Menschen weit übersteigt. Deshalb ist der Erkenntnisprozess auf Indizien und Belege angewiesen, die erst seit der Epoche der Aufklärung zu ersten Entwicklungstheorien inspirierten. Zuvor wurde nicht bezweifelt, dass alle Lebensformen von Anfang an so geschaffen wurden, wie sie heute noch existieren.

8.1 Lehre von der Konstanz der Arten

Die griechischen Naturphilosophen gingen von unterschiedlichen Erklärungen der Entstehung des Lebens aus. Den Ursprung der Lebewesen erklärte z. B. **Thales von Milet** durch eine natürliche, immer wieder spontan auftretende Urzeugung aus dem Wasser. **Aristoteles** postulierte eine lenkende Kraft, die hinter der Entstehung der Lebewesen steckt, und ordnete erstmals die bekannte Tierwelt nach ihrer Organisationshöhe. Von der Antike bis in das Mittelalter war seine Vorstellung einer hierarchischen Stufenleiter der belebten und unbelebten Natur mit dem Menschen an der Spitze, der *scala naturae*, verbreitet.

MENSCH.
Affe.
VIERFÜßER.
Fledermaus.
VÖGEL.
fliegende Fische.
FISCHE.
Aale.
SCHLANGEN.
Schnecken.
INSEKTEN
Motten.
Bandwurm.
Seeanemonen.
PFLANZEN.
Moose.
Schimmel.

Ausschnitt aus
einer *scala naturae*
nach Charles Bonnet

Bis in das 19. Jahrhundert hinein folgte das christlich geprägte Weltbild der Auffassung von Aristoteles, der die Arten als unveränderlich ansah. **Carl von LINNÉ** (1707–1778) führte die binäre Nomenklatur (Gattungs- und Artnamen, siehe S. 84 f.) für Organismen ein und entwickelte die moderne Systematik. Die von ihm erkannten Variationen und Veränderungen in den Artmerkmalen ließen ihn aber nicht an der Konstanz der Arten zweifeln.

Georges CUVIER (1769–1832) erkannte als Erster die anatomisch-morphologische Verwandtschaft von fossilen (ausgestorbenen und versteinerten) und rezenten (heute lebenden) Organismen und entwickelte eine **Katastrophen-Theorie** als Gegenkonzept zu aufkommenden Evolutionsgedanken. Nach CUVIER hatten weltumfassende Naturkatastrophen, wie die in der Bibel beschriebene Sintflut, die Zahl der Arten reduziert. Die Individuen wurden in den einzelnen geologischen Schichten zu Fossilien versteinert. Diese Katastrophen seien Teil eines Planes zur göttlichen Neuschöpfung verbesserter Lebewesen, die danach die Erde bevölkerten.

Charles LYELL (1797–1875) führte dagegen das Prinzip des **Aktualismus** in die Geowissenschaft ein. Danach sollen in der Vergangenheit die gleichen Naturgesetze gewirkt haben, wie sie heute zu beobachten sind. Damit ist jede geologische Schichtfolge meist durch kontinuierlich und langsam wirkende Kräfte entstanden und die Erde wesentlich älter als bis dahin angenommen. Diese langsamen geologischen Veränderungen ließen aber auch ihn der Vorstellung einer kontinuierlichen Entwicklung der Organismen eher skeptisch gegenüberstehen.

8.2   Historische Entwicklungslehren

Die wissenschaftlichere Bewertung paläontologischer Funde und kritischere Naturbeobachtungen führten im Laufe des 19. Jahrhunderts zur Kritik an der Lehre von der Konstanz der Arten. Viele mutige Naturwissenschaftler haben in dieser Zeit Hypothesen entwickelt, die von einem kontinuierlichen Artwandel ausgingen.

Lamarckismus

Der erste Vertreter einer zusammenhängenden Evolutionstheorie war **Jean-Baptiste de LAMARCK** (1744–1829). Er sah in der *scala naturae* kein statisches Gebilde, sondern die Momentaufnahme einer progressiven Entwicklung. In seinem Werk *Philosophie zoologique* postulierte er eine zeitliche Aufeinanderfolge der Tierarten, beginnend von den einfachsten Tieren bis hin zu den Säugern. Die Ursache für diese Entwicklung sah LAMARCK in der Ausbreitung der Lebewesen über die Erde, genauer in deren aktiver Anpassung an die damit verbundenen Veränderungen in den Lebensumständen.

Der Erklärungsansatz LAMARCKs, später als **Lamarckismus** bezeichnet, ist – obwohl er sich als unwahr herausgestellt hat – in sich logisch und anhand von Erfahrungen leicht nachvollziehbar: Der häufige Gebrauch eines Organs oder einer Fähigkeit führt zu deren stärkerer Ausbildung bzw. Entwicklung je nach Nutzungsdauer und -art. Im Gegensatz dazu werden Organe und Fähigkeiten durch Nichtgebrauch bis zu ihrem völligen Verschwinden zurückgebildet. Die Bedürfnisse der Tiere sind damit entscheidend für die Veränderung von Organen oder Fähigkeiten. Alle auf diese Weise erworbenen individuellen Eigenschaften werden auf die Nachkommen vererbt und bieten damit die Grundlage für den Wandel einer Art, solange diese „den Höhepunkt ihrer Entwicklung noch nicht überschritten hat".

Die Ursache der erworbenen Änderungen (Modifikationen, siehe S. 5, 88) konnte LAMARCK nicht erkennen. Trotzdem war die Auseinandersetzung mit seinen Thesen die Grundlage für völlig neue Denkansätze.

Darwinismus

Charles DARWIN (1809–1882) hat 1859 mit der in seinem Werk *The Origin of Species by means of Natural Selection* entwickelten Selektionstheorie die Basis für unser heutiges wissenschaftliches Evolutionsverständnis gelegt.

DARWIN war als guter Beobachter und Analyst bereits durch die Aktualitätstheorie LYELLS beeinflusst, als er die Gelegenheit wahrnahm, von 1831 bis 1836 an der Weltumseglung des britischen Vermessungsschiffes *Beagle* teilzunehmen.

Das Auffinden von fossilen Meeresmuscheln im Hochgebirge der Anden und von Skeletten des bereits von CUVIER beschriebenen ausgestorbenen Riesenfaultiers (*Megatherium americanum*) initiierte bei DARWIN den Gedanken von der Veränderlichkeit der Arten. Aber erst der Besuch des Galapagosarchipels und die Untersuchung ihrer endemischen Inselfauna inspirierten ihn wesentlich zu seiner Selektionstheorie. Dabei erkannte er, dass die verschiedenen Finkenarten der Inselgruppe offensichtlich einer Art auf dem südamerikanischen Festland entstammen mussten. Auf den Galapagosinseln entwickelten sich aus einzelnen Individuen der kontinentalen Finken, die zufällig auf die vulkanischen Inseln geraten waren, 13 neue, an unterschiedliche Nahrung angepasste Arten (siehe S. 96).

DARWIN wagte es aber bis 1859 nicht, seine Selektionstheorie zu veröffentlichen. Seiner Meinung nach waren die Beweise nicht ausreichend, um die Lehre von der Konstanz der Arten zu erschüttern. Erst ein Manuskript, das ihm der Biologe **Alfred Russel WALLACE** (1823–1913) zur Begutachtung zusandte, änderte seine Meinung. WALLACE stellte darin ebenfalls die wesentlichen Kerngedanken einer Selektionstheorie vor.

Beide Wissenschaftler haben demnach eigentlich gleichermaßen den Verdienst an der Selektionstheorie mit den folgenden Grundthesen, die heute unter dem Begriff **Darwinismus** zusammengefasst werden:

- Alle Organismen produzieren eine höhere Anzahl an Nachkommen, als zur reinen Arterhaltung notwendig wäre. Diese **Überproduktion** ist zumeist größer, als die natürlichen Ressourcen tragen könnten, die der Gesamtheit der Individuen der Art zur Verfügung stehen.

- Im Laufe der Zeit treten immer wieder erbfeste Veränderungen (heute: Mutationen) auf, die an die Nachkommen weitergegeben werden können. Alle Nachkommen einer Art sind daher in ihren Merkmalen unterschiedlich (**Variabilität**, *„sports"*).
- Die **Konkurrenz** um die begrenzten Ressourcen führt zu einer Auslese und damit zum Überleben derjenigen Individuen, deren Merkmale in der jeweiligen Umwelt am günstigsten sind (**Selektion**, natürliche Zuchtwahl).
- Die spezifischen Merkmale, die letztlich zum Überleben führen, können somit an die nächste Generation weitergegeben werden (Vererbung), ungeeignete Varianten sterben aus (*„survival of the fittest"*).
- Durch die Selektion bestimmter Varianten können sich diese zu neuen Arten entwickeln. Dieser **Artwandel** führt zu einer immer besseren Angepasstheit der Lebewesen an ihre Umwelt.

DARWIN bezog in seine Beweisführung neben der natürlichen auch die durch den Menschen bedingte **künstliche Zuchtwahl** mit ein. Hierbei hebt der Züchter die natürlichen Selektionsbedingungen auf und liest die entsprechenden Merkmale stattdessen nach seinen Bedürfnissen aus. Im Gegensatz zur natürlichen Auslese läuft die „Evolution" bei Haus- und Nutztieren stark beschleunigt ab, da der Mensch auf eine relativ kleine Individuenzahl einen großen Selektionsdruck ausübt (siehe S. 38). Weiterhin postulierte DARWIN die sogenannte **geschlechtliche Zuchtwahl**. Bei diesem Sonderfall der intraspezifischen Konkurrenz ist der Fortpflanzungserfolg an die „Attraktivität"

körperlicher Merkmale gebunden. Stärke, Durchsetzungsfähigkeit oder besondere Äußerlichkeiten (z. B. Farbintensität, Geweihgröße, Federnlänge) sind wirksame sexuelle Auslöser, die gleichzeitig den Partner zur Paarung animieren und die Rivalen abschrecken sollen. In der Wechselwirkung von Ausprägung des Merkmals und Fortpflanzungsrate entsteht der bei vielen Arten auffallende **Geschlechtsdimorphismus**. Meist sind es die Männchen, die größer und/oder bunter sind. Der Unterschied zwischen Männchen und Weibchen einer Art kann aber auch andersherum ausgeprägt sein, wie das Beispiel der Gottesanbeterin zeigt.

9 Synthetische Evolutionstheorie

Mithilfe der Darwinschen Selektionstheorie lässt sich zwar der Ablauf des durch Belege gesicherten Artwandels erklären, die bei der Evolution wirkenden Gesetzmäßigkeiten sowie deren molekulare Angriffsorte kannte DARWIN dem damaligen Stand der Wissenschaft entsprechend aber nicht.

Zur Klärung der Mechanismen der stammesgeschichtlichen Entwicklung wird der Darwinismus heute um die Erkenntnisse aus allen Disziplinen der modernen Biologie erweitert. Waren es Anfang des 20. Jahrhunderts zunächst nur die Zell- und die Entwicklungsbiologie, so sind es heute auch die Genetik, die Ökologie, die Verhaltensbiologie und die Biochemie, die Indizien für den Ablauf der Evolution beisteuern. Aus dieser Erweiterung der klassischen Selektionstheorie nach DARWIN ist die synthetische Evolutionstheorie hervorgegangen. Danach verläuft die Evolution ungerichtet durch die zufällige Wirkung von 5 **Evolutionsfaktoren:** Mutation, Rekombination, Selektion, Isolation und Gendrift.

9.1 Populationsgenetische Grundlagen

Kernaussage der synthetischen Evolutionstheorie ist, dass die Arten nicht seit Anbeginn der Welt in der heutigen Form existent sind, sondern dass sie sich im Laufe der Zeit verändert haben. Eine der Grundlagen der (Evolutions-)Biologie ist es daher, den Begriff der „Art" möglichst genau zu definieren.

Von LINNÉ stammt der ursprüngliche, **morphologische Artbegriff**, nach dem eine Art alle Individuen mit im Wesentlichen übereinstimmenden Merkmalen umfasst. Da diese Einteilung in verschiedene Arten aufgrund von äußeren Merkmalen nicht immer eindeutig ist, wurde der morphologische später durch den **biologischen Artbegriff** ergänzt: Zu einer Art gehören alle Individuen, die miteinander fertile (fruchtbare) Nachkommen hervorbringen können.

Ähnliche, miteinander verwandte Arten bilden Gattungen, diese wiederum Familien usw. Alle Lebewesen lassen sich so in ein hierarchisches **natürliches System der Organismen** nach LINNÉ einordnen (s. u.). Im Gegensatz zu LINNÉS Überzeugung wird dieses System heutzutage aber nicht als unveränderlich betrachtet, sondern einerseits immer wieder durch die moderne Biologie korrigiert und andererseits als Momentaufnahme in der Entwicklungsgeschichte betrachtet, z. B.:

Reich	Animalia (Tiere)
Stamm	Chordata (Wirbeltiere)
Klasse	Mammalia (Säugetiere)
Ordnung	Carnivora (Raubtiere)
Unterordnung	Feloidea (Katzenartige)
Familie	Felidae (Katzen)
Unterfamilie	Pantherinae (Großkatzen)
Gattung	*Panthera*
Art	*Panthera tigris* (Tiger)
Unterart	*Panthera tigris tigris* (Königstiger)

Alle Individuen einer Art, die in einem Ökosystem vorkommen und sich daher tatsächlich untereinander paaren können, bilden eine **Population. Unterarten** sind Populationen einer Art, die sich in einem oder mehreren vererbbaren Merkmalen voneinander unterscheiden. Unter bestimmten Umständen können sich aus Unterarten voneinander getrennte Arten entwickeln (siehe S. 93 f.).

Die Genotypen aller Individuen einer Population unterscheiden sich geringfügig voneinander (Variabilität, siehe S. 86 f.). Der gemeinsame **Genpool** einer Population umfasst die Gesamtheit aller verschiedenen Allele eines Gens in dieser Population. Durch Mutationen wird diese Anzahl stetig erhöht. Die verschiedenen Allele treten dabei mit unterschiedlicher Häufigkeit **(Allelfrequenz)** in der Population auf.

Die Frequenz bestimmter Allele kann in verschiedenen, geografisch getrennten Populationen derselben Art unterschiedlich sein. Die Häufigkeit von Allelen in natürlichen Populationen lässt sich durch mathematische Modelle vorhersagen. Ein solches Modell ist die **Hardy-Weinberg-Regel**, die besagt, dass die Allelfrequenzen in sog. idealen Populationen über die Generationenfolge hinweg unverändert bleiben und mit der folgenden Formel berechnet werden können:

$$(p+q)^2 = p^2 + 2pq + q^2 = 1$$

mit p … Häufigkeit des Wildtypallels A
q … Häufigkeit des mutierten Allels a

Daraus folgt: p^2 = Häufigkeit der homozygoten AA-Genotypen
q^2 = Häufigkeit der homozygoten aa-Genotypen
pq = Häufigkeit der heterozygoten Aa-Genotypen

Wie gesagt gilt diese Rechnung nur in einer **idealen Population**, in der die folgenden Eigenschaften den Einfluss der Selektion bzw. des Zufalls ausschließen:

- Es finden keine Mutationen statt.
- Die Population muss unendlich groß sein, sodass zufällige Schwankungen keine Rolle spielen.
- Es darf kein Individuum aus der Population aus- bzw. einwandern.
- Alle Individuen paaren sich mit gleicher Wahrscheinlichkeit mit allen (verschiedengeschlechtlichen) Individuen **(Panmixie)**.
- Jedes Allel muss dem Träger die gleiche Überlebenschance bieten, d. h., es darf keine Selektion erfolgen.

Wenn die Allelfrequenzen aufgrund dieser Bedingungen stabil bleiben, kann zwangsläufig keinerlei Veränderung und so auch keine Evolution erfolgen. In **natürlichen (realen) Populationen** sind die Bedingungen der idealen Population aber nie erfüllt. Jede Abweichung (z. B. die Bevorzugung bestimmter Fortpflanzungspartner) führt zur Veränderung der Allelfrequenzen und damit auf lange Sicht zum Artwandel.

9.2   Variabilität – Mutation und Rekombination

Für die Variabilität der Phänotypen in einer Population gibt es grundsätzlich zwei verschiedene Ursachen:

- unterschiedliche genetische Voraussetzungen der Individuen **(genetische Variabilität)**
- Einfluss unterschiedlicher Umweltbedingungen auf die Individuen **(modifikatorische Variabilität)**

Nur die genetische Variabilität spielt in der Evolution eine Rolle, da nur sie im Erbgut verankert ist und damit an die Nachkommen weitergegeben werden kann. Diese Vielfalt innerhalb einer Population wird durch Mutation und Rekombination aufrechterhalten bzw. ständig erhöht. Häufig spiegelt sie sich auch im Phänotyp wider, d. h., in der Population gibt es bezüglich äußerer Merkmale verschiedene Varianten. Diese Erscheinung wird **Polymorphismus** genannt.

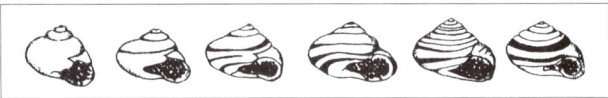

Polymorphismus der Gehäuse der Hain-Bänderschnecke

Mutationen

Ungerichtete Veränderungen des Erbmaterials können spontan auftreten oder durch Mutagene ausgelöst werden (siehe S. 30). Von allen Mutationsformen sind die **Genmutationen** für die Evolution am bedeutsamsten, da nur durch einen Basenaustausch ein neues Allel eines Gens entstehen kann. Durch die Änderung der Basensequenz kann z. B. der Aufbau eines Enzyms stark umgestaltet werden. Damit kommt es z. B. zu bestimmten Veränderungen des Stoffwechsels und evtl. auch der äußeren Merkmale. Diese Veränderungen wiederum können einen Einfluss auf die **Vitalität** (Überlebenskraft) oder die **Fitness** (siehe S. 89) des Trägers der Mutation haben. Führen sie zu einer höheren Überlebenschance des Individuums oder zu einem größeren Fortpflanzungserfolg, werden sie sich schnell in der Population anreichern. Vermindern sie dagegen (wie in den meisten Fällen) die Fitness oder die Vitalität, so wird ihre Ausbreitung verhindert.

Neutrale Änderungen bzw. rezessiv-nachteilige Allele können sich in der Population halten, da sie (im heterozygoten Zustand) keinen Einfluss auf die Überlebenschance eines Organismus haben. Auf diese Weise können Mutationen zu **Präadaptationen** werden, die sich in einer plötzlich veränderten Umwelt als Überlebensvorteil herausstellen können (siehe S. 90).

Rekombination

Während der **sexuellen Fortpflanzung** kommt es zur Vermischung des Erbmaterials zweier Individuen. Damit entstehen aus der Neukombination von bereits vorliegenden Genen neue Phänotypen, an denen die Selektion angreifen kann. Durch die zufällige und ungerichtete Rekombination der Gene während der Keimzellbildung und der Befruchtung (siehe S. 58) wird die genetische Variabilität in einer Population erhöht, ohne dass neue Allele erforderlich sind. Es können also nahezu unendlich viele neue Merkmalskombinationen „durchprobiert" werden ohne Gefahr zu laufen, dass dabei Gene (wie es durch unvorteilhafte Mutationen häufig geschieht) funktionsunfähig werden.

Einen Grenzfall zwischen Rekombination und Mutation stellen die **Transposons** dar. Diese beweglichen DNA-Abschnitte können durch ein Enzym (die Transposase, die in der Basensequenz des Transposons codiert ist) nahezu an jeder Stelle des Genoms eingebaut (Insertion) und auch wieder entfernt werden (Excision). Sie werden deshalb auch als **springende Gene** bezeichnet. Außer dem Gen für die Transposase und terminale Erkennungssequenzen können Transposons weitere Gene enthalten bzw. aufnehmen. Bei Prokaryoten können so z. B. Resistenzgene verbreitet werden. Aber auch bei allen anderen Organismen kommen Transposons vor und sind ein entscheidender Faktor der Evolution, indem sie durch ihre Aktivität Prozesse wie **Translokation** oder **Duplikation** bewirken. Dadurch kann sich z. B. einerseits die Rekombinationshäufigkeit zwischen Genen ändern (indem sie nach einer Translokation weiter auseinander oder näher zusammen liegen) oder eine „überschüssige" Kopie eines Gens kann entstehen, die dann durch Mutationen eine völlig neue Funktion übernehmen kann.

In dieser **Erhöhung der genetischen Vielfalt**, die nicht auf in vielen Fällen schädlichen Mutationen lebensnotwendiger Gene basiert, besteht der fundamentale Vorteil der sexuellen Reproduktion für die Evolution gegenüber der einfachen vegetativen Vermehrung durch Teilung: Die Wahrscheinlichkeit, dass durch eine Neukombination funktionsfähiger Gene eine Merkmalskombination entsteht, die ihrem Träger erhöhte Fitness verschafft, ist ungleich höher als diejenige für die zufällige Entstehung eines vorteilhaften Allels durch Mutation.

Modifikation

Modifikationen (siehe S. 5) sind umweltbedingte Veränderungen des Phänotyps und verbessern die Reaktionsfähigkeit von Individuen auf variable Umweltbedingungen.

Nicht die individuelle Ausprägung der Merkmale, sondern nur die Schwankungsbreite, in der die Merkmale variieren können (**Reaktionsnorm,** z. B. die maximale und minimale Körperlänge oder der Toleranzbereich einer Art gegenüber Umweltfaktoren, siehe (1) S. 102), ist genetisch festgelegt und kann vererbt werden. Insofern hat die Modifikation selber keinerlei Einfluss auf die Evolution. Zwar greift die Selektion am Phänotyp an, der durch die Modifikation entstanden ist. An die Nachkommen weitergegeben wird aber nur die Fähigkeit, unter den gleichen Bedingungen einen ähnlichen Phänotyp auszubilden, nicht aber der Phänotyp selbst.

9.3 Selektion

Organismen müssen sich in ihrer jeweiligen Umwelt mit einer Vielzahl von einschränkenden Lebensbedingungen auseinandersetzen. Aus der hohen Anzahl der variierenden Individuen einer Population können sich nur diejenigen fortpflanzen, die in ihren Eigenschaften und Merkmalen,

d. h. im Phänotyp, am besten an die in ihrem Lebensraum herrschenden **Selektionsfaktoren** (Gesamtheit der abiotischen und biotischen Faktoren, siehe (1) S. 96 ff.) angepasst sind.

Die Angepasstheit eines Individuums entscheidet also über dessen **Fitness**, d. h. über den Beitrag der seinem Phänotyp zugrunde liegenden Gene zum Genpool der nächsten Generation. Die Selektion zeigt sich darin, dass Träger bestimmter Genotypen eine höhere Fitness besitzen als andere. Geringste Unterschiede können hierbei langfristig zum Verschwinden von Genotypen mit geringerer Fitness führen. Durch diese Selektion ergibt sich eine gerichtete Verschiebung der Allelfrequenzen in einer Population abhängig von den auf sie einwirkenden Faktoren.

Es gibt prinzipiell drei verschiedene Möglichkeiten dafür, wie dieser **Selektionsdruck** die Allelhäufigkeiten und damit die Variationsbreite der Phänotypen innerhalb einer Population bezüglich eines bestimmten Merkmals verändern kann.

Stabilisierende Selektion

In einer über einen längeren Zeitraum gleichbleibenden Umwelt wirkt der Selektionsdruck stabilisierend auf die Merkmale einer Population (vorausgesetzt, die Population ist im Durchschnitt bereits optimal an ihre Umwelt angepasst). Die vom „Durchschnittstyp" abweichenden Varianten besitzen in diesem Fall immer eine geringere Fitness und werden daher selektioniert. Durch diese häufigste Form der Selektion bleibt die bestmögliche Angepasstheit der Art an ihren Lebensraum erhalten.

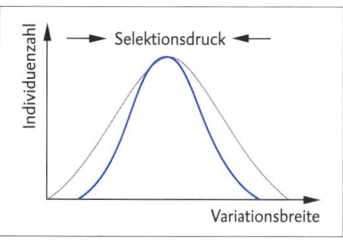

Stabilisierende
Selektion

Transformierende Selektion

Bei einer Veränderung der Umweltbedingungen können sich die Merkmale einer Population in eine bestimmte Richtung verschieben. Durch den veränderten Selektionsdruck erhalten u. U. Varianten einen Selektionsvorteil, die ein seltenes Allel tragen und daher vom „Durchschnittstyp" abweichen. Ihr bislang geringer Fortpflanzungserfolg erhöht sich und ihr Anteil in der Population nimmt zu.

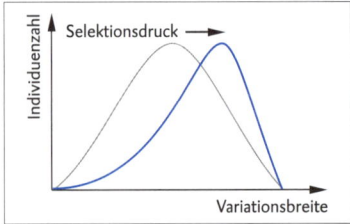

Transformierende Selektion

Der bei der Birkenspannerpopulation um Manchester in England beobachtete **Industriemelanismus** ist ein Beispiel für eine transformierende oder richtende Selektion. Dieser nachtaktive Falter ist durch eine schwarz-weiße Flügelfärbung optimal getarnt, um den Tag über am hellen Stamm einer Birke zu verharren. Selten auftretende dunkle Varianten, die aufgrund einer Mutation mehr Farbstoff (Melanin) produzieren, werden auf weißen Birken schnell durch Vögel entdeckt und gefressen (stabilisierende Selektion bei gleichbleibender Umwelt, s. o.). Von der Mitte des 19. Jahrhunderts an wurden die Baumrinden aber durch den verstärkten Rußausstoß im Zuge der Industrialisierung dunkel verfärbt. Seitdem hat sich ein starker Selektionsdruck zugunsten der dunklen Varianten der Nachtfalter ergeben. Um 1960 waren bereits 99 % der Birkenspanner in Industriegebieten dunkel gefärbt.

Bei den dunklen Formen handelt es sich demnach um eine **Präadaptation**: Ein bereits im Genpool vorhandenes rezessives Allel, das sich zuvor aufgrund negativer Auswirkungen nicht ausbreiten konnte, wird durch die Veränderung der Umweltbedingungen zum Selektionsvorteil.

Auf diese Weise kann es zur **Artumwandlung** kommen: Arten können ihr Erscheinungsbild allmählich ändern, sodass rezente (heute lebende) Formen im Vergleich zu sehr alten Fossilien einer anderen Art anzugehören scheinen. Dass es sich dennoch wahrscheinlich um ein und dieselbe Art handelt, wird an fossilen Übergangsformen sichtbar wie bei der Süßwasserschnecke *Viviparus brevis*.

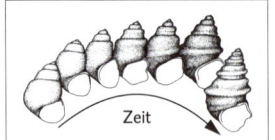

Disruptive Selektion

Die Fitness der bisher häufigsten Phänotypen wird durch veränderte Umweltbedingungen verringert und die extremen Varianten innerhalb der Population erhalten einen Selektionsvorteil. Bleibt der Selektionsdruck über längere Zeit erhalten, kann es durch weitere Spezialisierung zu einer Spaltung der Population kommen. Diese Form der Selektion ist relativ selten, bei der adaptiven Radiation der Darwinfinken (siehe S. 96) ist es jedoch mehrfach zu einer disruptiven Selektion gekommen.

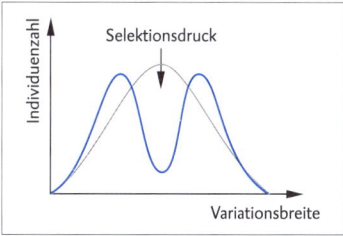

Disruptive Selektion

Spezialfälle der Selektion – Mimikry und Coevolution

Unter **Mimikry** versteht man die Nachahmung von Merkmalen und/ oder Eigenschaften einer Tier- oder Pflanzenart durch eine andere. Die Ähnlichkeiten werden dabei natürlich nicht absichtlich oder bewusst herbeigeführt, sondern sind Ausdruck des Selektionsvorteils derjenigen Individuen, die die entsprechenden Merkmale tragen. Drei Formen der Mimikry sind besonders häufig anzutreffen:

- **Batessche Mimikry:** Hierbei erreicht eine harmlose Art einen erhöhten Fraßschutz durch die Nachahmung des Äußeren einer giftigen oder wehrhaften Art. Voraussetzung für das Funktionieren dieser Scheinwarntracht ist, dass die Fressfeinde die Ungenießbarkeit des Vorbildes erfahren haben und daher die entsprechenden Merkmale meiden. Dies ist nur gewährleistet, wenn in einem Biotop deutlich mehr giftige als ungiftige Formen mit den gleichen Merkmalen auftreten. Die Populationsdichte des Nachahmers wird dadurch stark eingeschränkt.

Hornisse und Hornissenschwärmer

- **aggressive Mimikry:** Im umgekehrten Fall tarnen sich Angreifer als harmlose Arten. So wird der Putzerfisch, der andere Fische von Parasiten befreit, von einem aggressiven Säbelzahnfisch nachgeahmt, der die Ähnlichkeit beim Angriff auf ahnungslose „Patienten" ausnutzt. Auch hier ist es wieder entscheidend, dass die Populationsdichte der Nachahmer wesentlich geringer ist als die des Vorbildes (hier, damit die potenziellen Opfer die Warnmerkmale nicht erlernen können).
- **Müllersche Mimikry:** Mehrere ungenießbare oder wehrhafte Arten gleichen sich bei diesem Fall der Mimikry in ihrem Aussehen. Da diese Arten unterschiedliche ökologische Nischen besetzen, wird so die Anzahl an gleich aussehenden, giftigen Individuen in einem Biotop erhöht. Auf diese Weise lernen Fressfeinde die Warnmerkmale schneller kennen, der Abschreckungseffekt wird erhöht und die Chancen für das Überleben der Arten mit Müllerscher Mimikry werden verbessert.

Die wechselseitige Anpassung zweier Arten aneinander zur Sicherung ihrer Existenz bzw. ihrer Fortpflanzung nennt man **Coevolution**. Dabei üben beide Arten aufeinander einen Selektionsdruck aus, der die Anpassung der jeweils anderen Art bedingt. Die aus der Wechselbeziehung der Arten entstandenen Merkmale nennt man **Coadaptationen**. Voraussetzung ist eine direkte Interaktion zwischen den Arten, z. B. in einer Symbiose, beim Parasitismus oder in einem Räuber-Beute-System (siehe (1) S. 104 f.).

Besonders deutlich wird der Ablauf einer Coevolution bei der Entwicklung von Blüten und ihren Bestäubern: Viele Blüteneigenschaften (z. B. Farbigkeit, Duft, Nektarangebot, Form des Blütenbechers) haben sich in Anpassung an die sie bestäubenden Insekten entwickelt. Auch die Insekten haben besondere Merkmale, die sich coadaptiv gebildet haben („Taschen" zum Pollensammeln an den Beinen, Rüssel etc.).

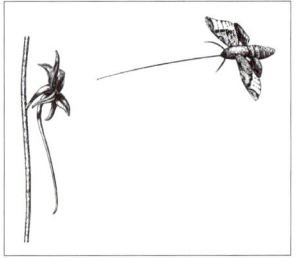

Orchideenblüte und Schmetterling

Aus der engen Anpassung der Organismen aneinander ergeben sich auch Nachteile: Meist ist einer der Partner (in dem Beispiel die Orchidee) so stark auf den anderen angewiesen, dass bei einem Rückgang der einen Art auch das Überleben der anderen Art gefährdet ist.

9.4 Artbildung durch Isolation

Voraussetzung für die Entstehung neuer Arten (Artbildung, **Speziation**) ist, dass wirksame **Fortpflanzungsbarrieren** zwischen Populationen entstehen, durch die der Genaustausch **(Genfluss)** zwischen den sich neu entwickelnden Arten unterbunden wird. Auf diese Weise können in den Populationen unterschiedliche Merkmale entstehen, die später eine Vermischung (also die Zeugung fruchtbarer Nachkommen unter natürlichen Bedingungen) verhindern. Damit sind zwei getrennte Arten entstanden (biologischer Artbegriff, siehe S. 84).

Allopatrische Artbildung
Bei dieser Form der Speziation erfolgt zwischen zwei Teilpopulationen zunächst eine zufällige räumliche Trennung, die als **Separation** bezeichnet wird. Der Genfluss wird durch geografische Gegebenheiten unterbunden, sodass die Teilpopulationen eine voneinander unabhängige Entwicklung nehmen. Drei Beispiele für Separationen sind:
- **Neubesiedlung** von Inseln (z. B. pazifische Vulkaninseln wie Hawaii)
- **Klimaveränderungen**, die zur Ausbildung großer lebensfeindlicher Räume führen (z. B. Desertifikationen oder Vereisungen)
- **Bauwerke** des Menschen (z. B. Autobahnen, Landschaftszersiedlung)

Die Teilpopulationen, die auf diese oder andere Weise voneinander getrennt wurden, entwickeln sich durch unterschiedliche Mutationen zu **Unterarten** (siehe S. 85). Diese unterscheiden sich zwar voneinander, könnten sich aber theoretisch noch miteinander fortpflanzen.

Mit zunehmender Trennung können aus den Unterschieden zwischen diesen Unterarten verschiedene **Isolationsmechanismen** (s. u.) entstehen. Durch sie wird eine Vermischung des Genpools auch dann verhindert, wenn die beiden getrennten Populationen später wieder in einem gemeinsamen Lebensraum zusammenkommen. Sie sind nun **reproduktiv isoliert** und damit per Definition in getrennte Arten übergegangen.

Man unterscheidet mehrere Isolationsmechanismen, die entweder vor oder nach der Befruchtung artverschiedener Individuen angreifen:
- **Verhaltensbiologische Isolation** (z. B. unterschiedliche Balzrituale oder Signale als artspezifische Auslöser bei der Paarung)
- **Jahreszeitliche Isolation** (z. B. unterschiedliche Balzzeiten bei Tieren, verschiedene Blühzeiten bei Pflanzen)
- **Ökologische Isolation** (z. B. durch die Besiedlung unterschiedlicher ökologischer Nischen, siehe (1) S. 103)

- **Mechanische Isolation** (z. B. unterschiedlich gebaute Kopulations-organe bei relativ nahe verwandten Insektenarten)
- **Genetische Isolation** (z. B. Absterben oder Unfruchtbarkeit der gezeugten Bastarde aufgrund von unterschiedlicher Chromosomenzahl oder gravierenden Unterschieden in Teilen des Genoms)

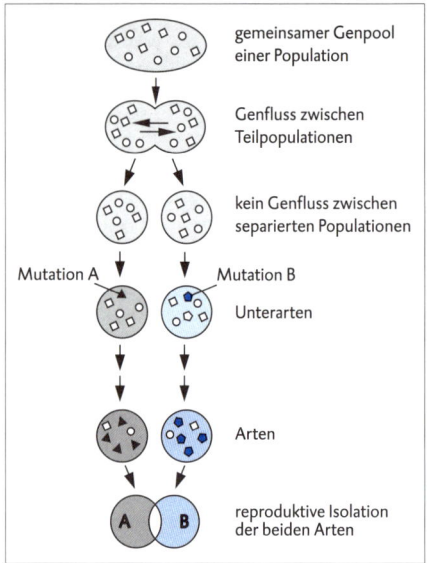

gemeinsamer Genpool einer Population

Genfluss zwischen Teilpopulationen

kein Genfluss zwischen separierten Populationen

Mutation A   Mutation B

Unterarten

Arten

reproduktive Isolation der beiden Arten

Entstehung von Arten

Sympatrische Artbildung

Diese Form der Artbildung aufgrund von spontaner genetischer Isolation geht stets von Einzelindividuen in einer (nicht separierten) Population aus. Dabei wird bei ihnen das Genom meist so verändert, dass es nicht mehr zu einem Genaustausch mit den anderen Individuen der Population kommen kann. Innerhalb einer Population entwickelt sich somit eine neue Art. Ein Beispiel hierfür ist die bei Pflanzen häufig vorkommende **Polyploidisierung** wie bei der Züchtung polyploider Kulturweizensorten durch den Menschen. Mit ihren diploiden Verwandten können sich diese Sorten nicht mehr fortpflanzen, da die Nachkommen aus solchen Kreuzungen triploid (3 n) und daher steril sind.

9.5 Gendrift – die Wirkung des Zufalls

Als Gen- oder **Allelendrift** bezeichnet man die zufällige Änderung der Allelfrequenzen in einer meist relativ kleinen Population. Je geringer die Individuenzahl einer Population ist, desto stärker kommt der Zufallseffekt zum Tragen. Aufgrund der Paarung weniger Individuen untereinander (Inzucht!) nimmt die Homozygotie zu und seltene Allele können aus dem Genpool verschwinden. Die Gendrift führt daher zu einer Verringerung der genetischen Vielfalt.

Ursache für eine Gendrift kann die Migration weniger Individuen in unbesiedelte Biotope (z. B. auf eine Insel) sein. Diese als **Gründerpopulationen** bezeichneten Gruppen von Tieren oder Pflanzen umfassen zwangsläufig nur einen stark eingeschränkten und zufällig zusammengestellten Anteil des Genpools der Ursprungspopulation. Als Beispiel sind hier die Darwinfinkenarten auf dem Galapagosarchipel zu nennen (siehe S. 96).

Auch durch die dramatische Verkleinerung einer Population z. B. durch extreme Witterung oder Seuchen können sich die Allelhäufigkeiten in einer Population verschieben bzw. kann die Allelvielfalt abnehmen. Die Verringerung der Individuenzahl führt zu einem **Flaschenhalseffekt**: Mit den überlebenden Individuen bleiben wenige beliebige Allele erhalten, die dann den Grundstock für einen neuen Genpool bilden.

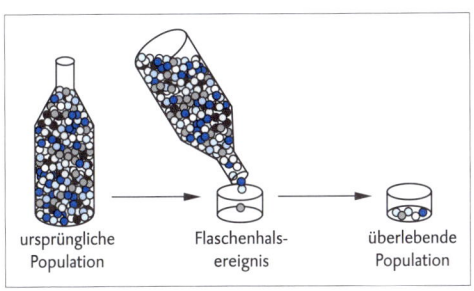

| ursprüngliche Population | Flaschenhals-ereignis | überlebende Population |

Flaschenhalseffekt

9.6 Zusammenwirken von Evolutionsfaktoren

Die oben genannten Evolutionsfaktoren wirken natürlich niemals isoliert, sondern in unterschiedlichen Kombinationen zusammen. Bereits im Kapitel 9.4 (siehe S. 93 f.) ist deutlich geworden, dass Isolation, Mutation und Selektion gemeinsam für die Artneubildung verantwortlich sind. Besonders gut lässt sich das Zusammenwirken der Evolutionsfaktoren am Beispiel der Darwinfinken auf Galapagos verfolgen:

Die Galapagosinseln sind vulkanischen Ursprungs, liegen vor der Westküste Amerikas und waren kurz nach ihrer Entstehung unbesiedelt. Vermutlich durch Sturmverwehung waren vor ca. 10 Millionen Jahren das erste Mal Körner fressende Bodenfinken auf die Inselgruppe gelangt **(Separation).** Diese **Gründerpopulation** umfasste nur einen geringen Teil des ursprünglichen Genpools **(Gendrift)**. Sie konnte sich zunächst stark vergrößern, da Konkurrenz und Fressfeinde auf den Inseln nicht vorkamen. Durch **innerartliche Konkurrenz** wurde das Wachstum aber bald begrenzt.

Durch die Besiedlung des neuen Lebensraumes standen allerdings zahlreiche „freie" ökologische Nischen zur Verfügung, sodass verschiedene „Ausweichmöglichkeiten" vorhanden waren, um dem Konkurrenzdruck zu entgehen. Zur Besetzung der ökologischen Nischen **(Einnischung)** fächerte sich die Stammart in kurzer Zeit durch mehrfache disruptive Selektion in mehrere Arten auf **(adaptive Radiation)**.

Die Entstehung unterschiedlicher Arten wurde im Fall der Darwinfinken dadurch beschleunigt, dass Teile der Population auf andere Inseln des Archipels verdriftet wurden (Separation). Dort bildeten sich aufgrund der dort herrschenden Selektionsbedingungen schnell neue Varianten aus, die andere ökologische Nischen erobern konnten (z. B. Insektenfresser mit spitzem Schnabel). Als Nebeneffekt der Einnischung entstanden auch Merkmale, die die Fortpflanzung mit der Ursprungsart unmöglich machten **(reproduktive Isolation)**.

Bei einer erneuten Vermischung der nun getrennten Arten bestand keine Konkurrenz mehr, sodass sie den gleichen Lebensraum besiedeln konnten. Separation und Einnischung haben mehrfach stattgefunden, sodass heute auf den 24 Inseln 13 verschiedene Finkenarten nebeneinander existieren.

Adaptive Radiation der Darwinfinken

10 Belege für die Evolution

Ein besonderes Problem bei der Aufklärung des Ablaufs der Evolution besteht darin, dass diese sich über Zeiträume erstreckt, die die Lebensspanne eines Menschen bei Weitem übersteigen (eine Artneubildung kann sich über mehrere Zehntausend bis Hunderttausend Jahre hinziehen). Die direkte Beobachtung von stammesgeschichtlichen Entwicklungsprozessen ist also nur in seltenen Ausnahmefällen möglich. Die Evolutionsbiologie ist daher auf Indizien und Belege angewiesen sowie auf die Zuverlässigkeit des **Aktualitätsprinzips**, nach dem die Naturgesetze unveränderlich sind (siehe S. 81).

10.1 Paläontologische Belege

Unter Fossilien versteht man allgemein die Reste und Spuren von Organismen aus früheren Erdzeitaltern. Die **Paläontologie** beschäftigt sich mit der Rekonstruktion der Anatomie, der Morphologie und der Lebensweise der ausgestorbenen Lebensformen. Sie liefert damit wesentliche Hinweise für die Aufklärung von Verwandtschaft und Entwicklung. **Fossilisation** ist der Prozess der Entstehung der Fossilien, bei dem eine Reihe günstiger Bedingungen zusammentreffen muss, um einen toten Organismus vor der biologischen Zersetzung zu schützen. Je nach der Art der Fossilisation unterscheidet man verschiedene Fossilienformen, z. B. **Hartteile** (schwer zersetzbare Teile von Organismen wie Knochen, Zähne usw.), **Einschlüsse** (Insekten im Bernstein, deren gesamter Körper durch Luftabschluss erhalten geblieben ist), **Abdrücke** (Trittsiegel, Körperumrisse) oder **Versteinerungen** (Verkalkungen oder Verkieselungen, bei denen organisches Material in Mineralien umgewandelt ist). Zur Einordnung der Fossilien in die zeitliche Abfolge der Evolution ist es wichtig, ihr Alter zu bestimmen.

Altersbestimmung von Fossilien

Eine Methode der relativen Datierung von Fossilien erfolgt über die Analyse der Gesteinsschichten, in der die Überreste gefunden werden **(geologische Altersbestimmung)**. In ungestörten Sedimenten liegen die ältesten Schichten immer unten. Ist die Sedimentationsgeschwindigkeit bekannt, kann man auch auf das absolute Alter der einzelnen Schichten und damit der darin befindlichen Fossilien schließen. Allerdings können geologische Verwerfungen die Abfolge der Schichten an der Fundstelle stören. Hier kann die zweite Form der relativen Altersbestimmung durch **Leitfossilien** eingesetzt werden: Charakteristische und immer wieder in bestimmten Schichten auftretende Fossilien helfen bei der Einordnung anderer Funde in ihrer Nähe.

Durch die Messung des radioaktiven Zerfalls bestimmter Elemente oder Isotope (verschieden schwere Formen eines chemischen Elements) wird das tatsächliche Alter von Fossilien ermittelt **(absolute Altersbestimmung)**. Dazu nutzt man den Umstand, dass alle radioaktiven Substanzen eine bestimmte **Halbwertszeit** haben: Nach dieser Zeitspanne sind 50 % der Ausgangssubstanz unter Aussendung radioaktiver Strahlung in ein anderes Isotop oder Element zerfallen. Über die Menge der radioaktiven Substanz, die in einem Fossil bzw. der umgebenden Gesteinsschicht noch nachweisbar ist, lässt sich so dessen Alter bestimmen.

- **Radiocarbon-Methode:** Natürlich vorkommender Kohlenstoff besteht hauptsächlich aus dem ^{12}C-Isotop. Durch kosmische Strahlung entstehen aber ständig auch geringe Mengen an ^{14}C, das mit einer Halbwertszeit von etwa 5 730 Jahren wieder zerfällt. Solange tierische oder pflanzliche Organismen leben, nehmen sie aus der Umwelt die beiden Isotope in einem bestimmten Verhältnis auf. Nach ihrem Tod entfällt die weitere Zufuhr von ^{14}C. Mithilfe der Bestimmung des Restgehaltes an ^{14}C können bis zu 50 000 Jahre alte Überreste von Pflanzen und Tieren datiert werden. Über diesen Zeitraum hinaus ist zu wenig ^{14}C übrig, um es sicher messen zu können.
- **Uran-Blei-Methode:** Wesentlich ältere und auch nicht-organische Fossilien werden über den Zerfall von Uran (^{238}U und ^{235}U) datiert. Beide Isotope zerfallen über mehrere Zwischenschritte zu Blei (^{206}Pb und ^{207}Pb). Die Halbwertszeit beträgt ca. 4,5 Milliarden bzw. ca. 704 Millionen Jahre. Mit dieser Methode, die aufgrund der gleichzeitigen Verwendung zweier Zerfallsreihen relativ genau ist, können Fossilien aus dem Präkambrium (4,6 Milliarden bis 530 Millionen Jahre) bis hin zum Tertiär (65 bis 2,3 Millionen Jahre) zeitlich eingeordnet werden. Auf kürzere Zeiträume kann sie aufgrund der langen Halbwertszeit der beiden Uran-Isotope nicht angewandt werden.

Auswertung von Fossilfunden

Fossilfunde belegen die Hypothese von der **Veränderlichkeit der Arten**. Tiere und Pflanzen haben sich mit der Zeit verändert, zahlreiche Arten sind ausgestorben und andere sind hinzugekommen.

Fast alle Fossilfunde ausgestorbener Arten lassen sich zwanglos in das bestehende **System der Organismen** nach LINNÉ (siehe S. 84 f.) einordnen. Dabei gilt: Je älter die Fossilien, desto mehr unterscheiden sie sich von den rezenten Arten.

In einigen Gruppen ist es möglich, die Fossilfunde in Reihen anzuordnen, in denen sich die Änderung der Merkmale schrittweise verfolgen lässt. In den meisten Fällen ist der Bauplan der Tiere mit der Zeit spezialisierter und damit komplizierter geworden **(Progressionsreihe)**, aber auch das Gegenteil kann beobachtet werden (**Regressionsreihe** bei der Zurückbildung bestimmter Merkmale).

Besonders der **Stammbaum der Pferde** ist durch Fossilfunde gut belegt. Über 50 Millionen Jahre hat sich das heutige Pferd (Gattung *Equus*) durch die kontinuierliche Zunahme der Körpergröße, die Vergrößerung der Kauflächen der Backenzähne und Zunahme der Schmelzkanten (Progressionsreihen) sowie die Verringerung der Zehenzahl (Regressionsreihe) aus dem Urpferdchen (Gattung *Eohippus*) entwickelt. Die allmählichen Veränderungen stellen Anpassungen an wechselnde Umweltbedingungen dar: Durch den Übergang vom Wald zum Grasland bildeten sich durch Mutationen und transformierende Selektion Merkmale heraus, die im neuen Lebensraum vorteilhaft sind (bessere Übersicht, schnellere Flucht, effektivere Zerkleinerung des Grases).

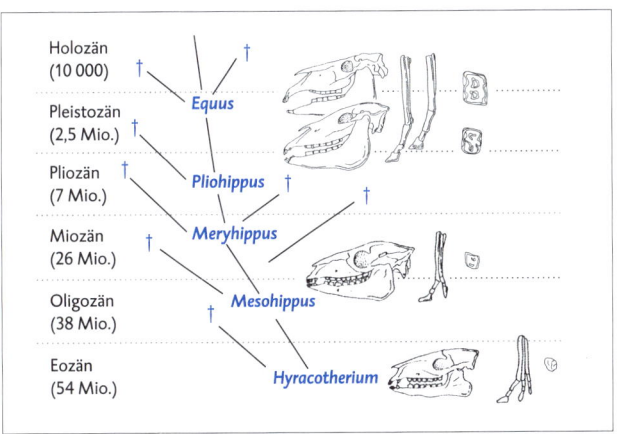

Vereinfachter Stammbaum der Pferde

Auch bei den systematischen Großgruppen kann man eine entwicklungsgeschichtliche Abfolge erkennen. So traten z. B. die Wirbeltierklassen (Fische, Amphibien, Reptilien, Vögel, Säuger) nicht gleichzeitig auf, sondern sie sind auseinander hervorgegangen. Paläontologische Beweise für diese Tatsache sind die sog. **Übergangsformen** (Brückentiere, Mosaikformen), die die Merkmale stammesgeschichtlich älterer und jüngerer Gruppen in sich vereinen.

Bekanntestes Beispiel einer Mosaikform ist wohl der *Archaeopteryx*. Die in der Fränkischen Alb gefundenen Versteinerungen dieses „Urvogels" zeigen, dass die Vögel vor ca. 150 Millionen Jahren aus den Reptilien (genauer: bestimmten Dinosaurier-Arten) hervorgegangen sind. Obwohl heute nicht mehr unumstritten ist, dass es sich beim *Archaeopteryx* um ein direktes Bindeglied zwischen Reptilien und Vögeln handelte, trug er dennoch Merkmale beider Gruppen.

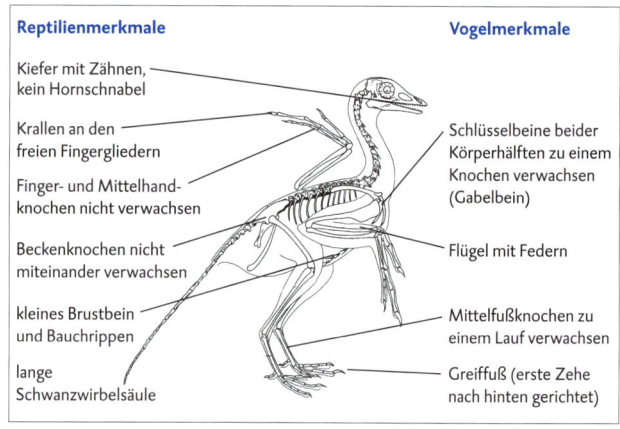

Reptilienmerkmale

Kiefer mit Zähnen, kein Hornschnabel

Krallen an den freien Fingergliedern

Finger- und Mittelhandknochen nicht verwachsen

Beckenknochen nicht miteinander verwachsen

kleines Brustbein und Bauchrippen

lange Schwanzwirbelsäule

Vogelmerkmale

Schlüsselbeine beider Körperhälften zu einem Knochen verwachsen (Gabelbein)

Flügel mit Federn

Mittelfußknochen zu einem Lauf verwachsen

Greiffuß (erste Zehe nach hinten gerichtet)

Rekonstruktion des *Archaeopteryx*

Heute noch existierende Brückentiere sind z. B. der **Quastenflosser** *Latimeria* (trägt Merkmale von Fischen und Amphibien) und das **Schnabeltier** (Brückentier zwischen Reptilien und Säugern). Man bezeichnet sie auch als **lebende Fossilien**, da sie sich seit Jahrmillionen nicht verändert haben (stabilisierende Selektion, siehe S. 89).

10.2 Anatomisch-morphologische Belege

Durch Vergleich der „Baupläne" unterschiedlicher rezenter und fossiler Formen kann man Rückschlüsse auf Verwandtschaft und Abstammung ziehen. Ursache für einen ähnlichen anatomischen Bau ist oftmals die Abstammung von einem gemeinsamen Vorfahren **(Homologie)**. Ähnliche Strukturen können aber auch bei nicht näher verwandten Gruppen durch gleichen Selektionsdruck entstehen **(Analogie, Konvergenz)**.

Homologie
Organe und Strukturen, die aufgrund eines gemeinsamen Ursprungs in Aufbau und Lage übereinstimmen, nennt man **homolog**. Die Ähnlichkeit homologer Organe bei verschiedenen Tierarten geht auf einen **gemeinsamen Grundbauplan** zurück, der in der DNA verankert ist. Da sie sich aber meist von dem gemeinsamen Vorfahren ausgehend bei den verschiedenen Arten in unterschiedliche Richtungen **(divergent)** entwickelt haben, können homologe Organe abweichende Funktionen und/oder Gestalten haben.
Das bekannteste Beispiel ist der homologe Aufbau der fünfstrahligen Vorderextremitäten bei Wirbeltieren, die durch Anpassung an spezifische Lebensweisen auf verschiedenen Wegen abgewandelt wurden.

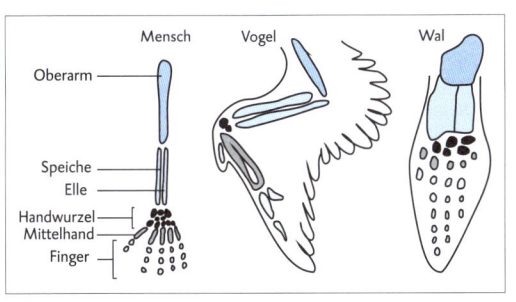

Wirbeltier-extremitäten

Um Homologien auch bei derart stark modifizierten Organen eindeutig identifizieren zu können, wendet man die **Homologiekriterien** an:
- **Kriterium der Lage:** Organe sind homolog, wenn sie im Gefüge (Bauplan) des Organismus die gleiche Lage einnehmen (z. B. die Mittelhandknochen der Vorderextremitäten der Wirbeltiere).

- **Kriterium der Stetigkeit:** Organe sind homolog, wenn sie über eine Reihe von Zwischenstufen voneinander abgeleitet werden können (z. B. die einstrahligen Füße der Pferde von fünfstrahligen Vorfahren, siehe S. 99).
- **Kriterium der spezifischen Qualität:** Organe sind homolog, wenn sie sich aus vergleichbaren Teilstrukturen zusammensetzen und in zahlreichen Einzelheiten übereinstimmen (z. B. Haifischschuppen und Säugetierzähne, die in vielen Strukturen und im Baumaterial übereinstimmen).

Analogie und Konvergenz

Analogien entstehen aufgrund des gleichen Selektionsdrucks in ähnlichen Lebensräumen: Organe und Strukturen, die einen unterschiedlichen Ursprung haben, nehmen durch **konvergente Entwicklung** eine ähnliche Gestalt und Funktion an.

As Angepasstheit an das Leben unter der Erde haben z. B. Maulwurf und Maulwurfsgrille ausgehend von völlig andersartigen Grundstrukturen (Wirbeltierextremität bzw. Insektenbein) ähnliche Grabschaufeln entwickelt. Analoge Organe bei verschiedenen Tierarten beruhen also nicht auf einem gemeinsamen Bauplan und geben daher keinen Hinweis auf stammesgeschichtliche Verwandtschaftsbeziehungen.

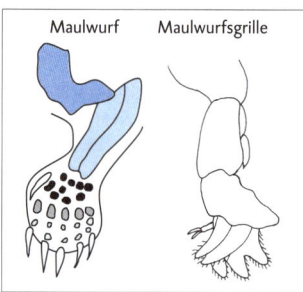

Analoge Extremitäten

Auch bei homologen Organen kann man unter Umständen eine konvergente Entwicklung beobachten: Wenn homologe Strukturen (z. B. die Vorderextremitäten von Vögeln und Fledermäusen) voneinander unabhängig die gleiche Angepasstheit ausbilden (Flügel mit unterschiedlichem Aufbau), spricht man auch von **Homoiologie**.

Rudimente und Atavismen

Viele Arten zeigen ein oder mehrere **rudimentäre Organe**, d. h. unvollständig ausgebildete Strukturen ohne erkennbare Funktion. Sie stellen sichtbare „Überbleibsel" von Organen dar, die bei den Vorfahren komplett ausgebildet waren, im Laufe der Evolution aber ihre Bedeutung für die betreffende Art verloren haben oder sogar hinderlich waren. Als vollständig ausgebildete, aber unbenutzte Organe stellten sie eine Belastung für die Lebewesen dar, da sie (mindestens durch den überflüssigen Verbrauch von Ressourcen) die Fitness verringerten. Durch Zurückbildung der Mittelhand- bzw. Mittelfußknochen beim Pferd (siehe S. 99) sind z. B. die rudimentären Griffelbeine entstanden.

Sehr selten treten solche Merkmale, die im Laufe der Stammesgeschichte zurückgebildet wurden oder verschwunden waren, spontan bei einzelnen Individuen wieder auf. Diese Erscheinung nennt man **Atavismus**. Auch hier wird offensichtlich, dass die Information für die Ausbildung dieser Merkmale weiterhin im Genom der Art vorhanden ist, jedoch normalerweise nicht realisiert wird. Atavismen treten auf, wenn die Blockade der entsprechenden Gene durch eine Mutation aufgehoben wurde.

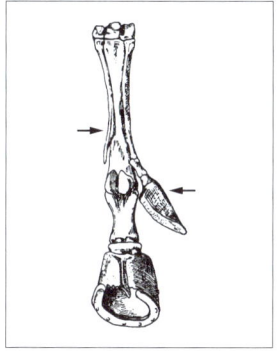

Rudimentäres Griffelbein (links) und atavistischer Huf (rechts) beim Pferd

10.3 Molekularbiologische Belege

Strukturvergleiche können auch auf der Ebene der Zellen bzw. der darin enthaltenen Makromoleküle (Proteine und DNA) Auskunft über die Verwandtschaft von Organismen geben.

Alle Zellen enthalten die gleichen oder zumindest ähnliche Grundstrukturen (siehe (1) S. 4), u. a. die DNA zur Speicherung und zur Weitergabe der Erbinformationen. Je näher zwei Arten miteinander verwandt sind, desto größer ist meist die **Übereinstimmung in der Basensequenz** der DNA, denn erst nach der Abtrennung der Entwicklungslinie von einem gemeinsamen Vorfahren können sich die Basensequenzen durch unterschiedliche Mutationen auseinanderentwickeln.

Da die Informationen für die Bildung der Proteine in der DNA verschlüsselt sind, folgt daraus, dass auch die Primär- sowie die Tertiärstruktur gleichartiger Proteine bei nahe verwandten Arten eine relativ hohe Ähnlichkeit aufweisen müssen.

Präzipitintest

Diese klassische Methode der Verwandtschaftsbestimmung beruht auf der **Ähnlichkeit der Tertiärstrukturen der Proteine im Blutserum** verwandter Organismen. Das Serum eines Organismus (z. B. eines Menschen) wird nach einer Aufbereitung einem Versuchstier – meist einem Kaninchen – injiziert, das daraufhin Antikörper gegen die gespritzten Fremdeiweiße bildet (siehe S. 70 ff.). Man entnimmt dem Kaninchen anschließend eine Serumprobe, die die neu gebildeten Antikörper enthält. Gibt man diese Probe zum Blutserum eines Menschen, so verklumpen **(präzipitieren)** die darin enthaltenen Eiweiße. Dieser Wert wird als 100 %ige Ausfällung festgesetzt.

Nun beginnt der eigentliche **Präzipitintest:** In Proben des Blutserums verschiedener Testorganismen präzipitieren nach Zugabe des Antikörper-Serums alle Proteine, die eine Übereinstimmung mit den menschlichen Eiweißen aufweisen. Je stärker die Ausfällung, desto größer sind also die Gemeinsamkeiten in der Proteinausstattung und desto enger ist damit die Verwandtschaft. Die Antikörper „erkennen" dabei Epitope (antigene Determinanten) in der Tertiärstruktur der Proteine, die durch die Primärstruktur (Aminosäuresequenz) bestimmt wird. Diese wiederum ist abhängig von der Basensequenz der DNA. Letztlich ist also die Übereinstimmung in der Tertiärstruktur der Proteine auf eine Ähnlichkeit in der Erbinformation zurückzuführen (s. o.).

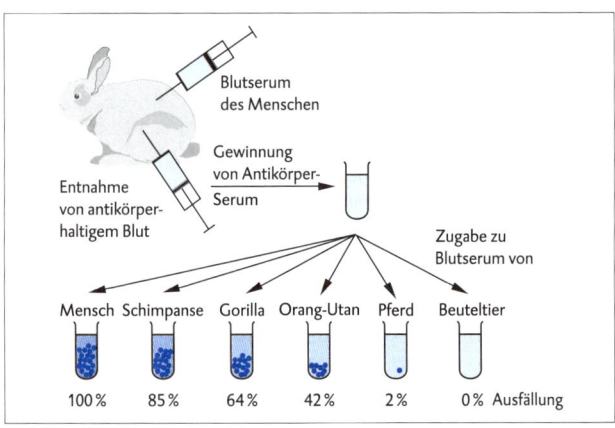

Serum-Präzipitintest

Aminosäuresequenzanalyse

Genauere Werte als der Vergleich von Tertiärstrukturen mehrerer Proteine im Präzipitintest liefert die Bestimmung der Primärstruktur ein und desselben Proteins bei verschiedenen Organismen.

Die Ermittlung der Aminosäuresequenz erfolgt dabei in speziellen Apparaten, indem vom NH_2-Ende her immer eine Aminosäure abgespalten und bestimmt wird.

Geeignet für diese Methode sind Proteine, die bei möglichst vielen Organismen eine wichtige Funktion im Stoffwechsel wahrnehmen, wie z. B. Cytochrom c (Bestandteil der Atmungskette), Hämoglobin (Sauerstoff bindendes Protein in den roten Blutkörperchen, von dem es auch eine pflanzliche Version gibt) oder Insulin (Hormon der Bauchspeicheldrüse). Damit die Funktionsfähigkeit eines Proteins erhalten bleibt, kann dessen Primärstruktur nur sehr begrenzt variieren, die Aminosäuresequenz wird daher weitgehend **konserviert**. Die relativ wenigen möglichen Veränderungen können so als aussagekräftiger Nachweis von Verwandtschaft genutzt werden.

Aufgrund der Abweichungen der Aminosäuresequenzen voneinander (Anzahl und Positionen der veränderten Aminosäuren) kann man **Stammbäume** der untersuchten Organismen aufstellen.

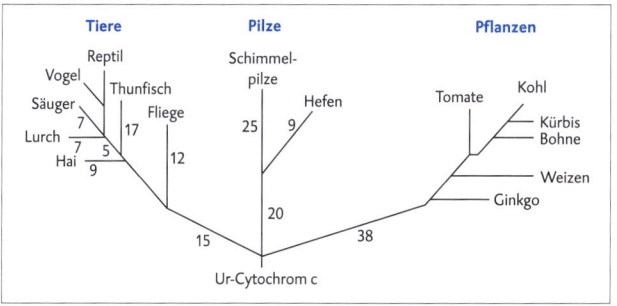

Cytochrom-c-Stammbaum nach Anzahl der abweichenden Aminosäuren

Gensequenzierung

Mit den modernen Mitteln der **DNA-Sequenzierung** (siehe S. 47) wird auch der direkte Vergleich der Erbinformation unterschiedlicher Organismen möglich. Durch Punktmutationen hervorgerufene Veränderungen in der Nukleotidsequenz geben dabei Hinweise auf die Verwandtschaft der Organismen. Je nachdem, welche Gruppe von Organismen näher betrachtet werden soll, verwendet man für den Vergleich unterschiedliche Abschnitte der DNA:

Zum Vergleich größerer Gruppen bieten sich universell in diesen Gruppen vorkommende Gene (also Abschnitte der DNA, deren Genprodukte eine wichtige Funktion im Stoffwechsel übernehmen) an, wie das Gen für die Ribulose-1,5-bisphosphatcarboxylase bei Pflanzen (siehe (1) S. 43). Die Gensequenzen sind hier relativ gut konserviert und die wenigen Abweichungen können zur „Sortierung" der systematischen Großgruppen in einem Stammbaum verwendet werden.

Sollen sehr nah verwandte Gruppen oder sogar einzelne Individuen miteinander verglichen werden, wählt man weniger gut konservierte Abschnitte der DNA, die sich in nicht-codierenden Bereichen befinden. Diese können mehr oder weniger „frei" mutieren, da sie keinerlei Selektionsdruck unterliegen. Die Basensequenzen zeigen also eine größere Variabilität und dadurch wird eine feinere Unterscheidung möglich. Auf diesem Prinzip beruht auch der genetische Fingerabdruck (siehe S. 54).

DNA-Hybridisierung

Bei diesem Verfahren wird getestet, wie gut sich DNA-Einzelstränge aus Organismen verschiedener Arten zu einem Doppelstrang zusammenschließen (hybridisieren) können. Die Gesamt-DNA verschiedener Organismen wird dazu aus den Zellen isoliert, zusammengebracht und die Doppelstränge werden bei 90 °C aufgeschmolzen. Beim Abkühlen der Probe bilden sich neben den „normalen" Doppelsträngen auch **Hybrid-DNA-Doppelstränge** zwischen den Einzelsträngen der verschiedenen Arten. Je näher zwei Arten miteinander verwandt sind, desto mehr komplementäre Basenpaarungen sind zwischen den verschiedenen Einzelsträngen möglich. Erwärmt man die entstandenen Doppelstränge anschließend wieder, erfolgt die erneute Trennung in Einzelstränge bei umso höherer Temperatur, je mehr komplementäre Basenpaarungen insgesamt zustande gekommen sind. Eine höhere Schmelztemperatur lässt also auf eine hohe Übereinstimmung in der Basensequenz schließen und damit auf eine nähere Verwandtschaft der untersuchten Arten.

DNA-Hybride	Mensch x Mensch	Mensch x Schimpanse	Mensch x Gorilla	Mensch x Orang-Utan	Mensch x Gibbon
Schmelz-temperatur	88,2 °C	86,4 °C	85,8 °C	84,6 °C	83 °C

10.4 Ethologische Belege

Auch die vergleichende Verhaltensbiologie kann zur Aufklärung von Entwicklungsvorgängen beitragen. Die angeborenen, d. h. genetisch bedingten Verhaltensweisen der Tiere (siehe S. 120 ff.) werden ebenso wie anatomische Merkmale an die Nachkommen vererbt. Verhaltensweisen von Tieren verschiedener Arten, die auf denselben genetischen Ursprung zurückzuführen sind, bezeichnet man daher ebenfalls als **homolog**. Die arttypischen Abwandlungen der verschiedenen Verhaltensweisen vom gemeinsamen Grundmuster sind ähnlich wie die Abweichungen in Organen auf Mutationen zurückzuführen.

Stellt man **Ethogramme** (siehe S. 118) von homologem Verhalten bei ähnlichen Arten auf, kann man aus den Abweichungen einzelner Elemente die Verwandtschaftsbeziehungen ermitteln. Je stärker die homologen Verhaltensweisen übereinstimmen, desto näher sind die betreffenden Arten stammesgeschichtlich miteinander verwandt.

11   Entwicklung des Lebens auf der Erde

Alle lebenden Organismen sind aus Zellen aufgebaut, die in vielen Strukturen und Stoffwechselabläufen übereinstimmen. Selbst so unterschiedliche Lebewesen wie Bakterien und der Mensch speichern ihre Erbinformation in der DNA und benutzen weitestgehend den gleichen genetischen Code zur Übersetzung dieser Information in Proteine. Da derartig komplexe Systeme in der Evolution sicher nicht mehrfach unabhängig voneinander entstanden sind, handelt es sich bei allen Lebewesen sehr wahrscheinlich um die Nachfahren einer einzigen „**Urzelle**".
Nach der Bildung einer festen Erdkruste vor etwa 4,6 Milliarden Jahren dauerte es allerdings noch rund 1–1,5 Milliarden Jahre bis zum Erscheinen dieser ersten Zelle. Das ist mehr als doppelt so lang, wie die Weiterentwicklung zu mehrzelligen Eukaryoten bis heute benötigt hat.
Trotz vieler Differenzen in den einzelnen Theorien ist man sich darüber einig, dass die Mechanismen der Evolution bereits beim Übergang von unbelebter zu belebter Materie wirksam waren.

11.1 Chemische Evolution

Der erste Schritt auf dem Weg zur Entstehung des Lebens war die **Bildung von organischen Molekülen** aus anorganischen Verbindungen. Auf der „Urerde" existierten die Grundelemente der organischen Moleküle (C, O, H, N, S, P) z.B. in Verbindungen wie Methan (CH_4), Wasserstoff (H_2), Wasser (H_2O), Ammoniak (NH_3), Schwefelwasserstoff (H_2S) und verschiedenen sauerstofffreien Phosphorverbindungen. Die ursprüngliche Erdatmosphäre besaß einen reduzierenden Charakter, da kein freier Sauerstoff existierte, und war zudem gekennzeichnet durch die starke Einwirkung von energiereicher Strahlung (UV, radioaktiv oder kosmisch) und vielen elektrischen Entladungen. Charakteristisch für die Erde war und ist außerdem ihr hoher Wasseranteil.
Wie MILLER und UREY um 1953 in einem Experiment zeigten, konnten unter diesen Bedingungen spontan Amino- und andere organische Säuren entstehen. In ähnlichen Experimenten konnten in der simulierten „Ursuppe" auch strukturell komplexe Verbindungen wie Nukleotide, Porphyrine und Isoprene nachgewiesen werden.
Durch die Wirkung geeigneter Katalysatoren, die auf der Urerde in Form von Metallen und Metallhydriden in großer Menge vorhanden waren,

ist anschließend vermutlich die Bildung organischer Makromoleküle, u. a. von Polypeptiden und längeren Nukleinsäuren, erfolgt **(Selbstorganisation der biologischen Makromoleküle)**.

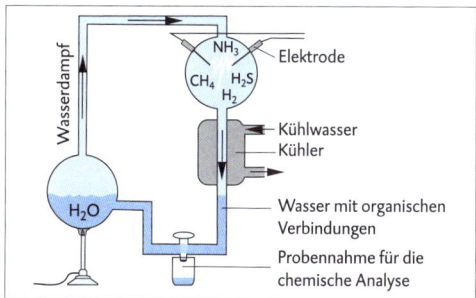

Miller-Experiment

Es ist wahrscheinlich, dass sich die proteinartigen Strukturen spontan zu einfachen bläschenförmigen Strukturen, den **Mikrosphären**, verbunden haben. Diese Abgrenzung von der Umgebung führte zur weiteren Konzentration verschiedenster organischer Moleküle in einem Reaktionsraum. Die semipermeable Hülle ermöglicht einen Stoffaustausch mit der Umgebung.

Einige der entstandenen Makromoleküle hatten die Fähigkeit zur **Reproduktion**. Auch in heute lebenden Zellen existieren gefaltete RNA-Moleküle mit katalytischer Wirkung, die **Ribozyme**. Diese können andere Nukleinsäuren spezifisch spalten oder synthetisieren. Es ist daher denkbar, dass Ribozyme in der Entstehungszeit des Lebens ihre eigene Struktur reproduzieren konnten. Auch einige der vorliegenden einfachen **Proteinketten** könnten sich durch Autokatalyse selbst reproduziert haben. Andere zufällig entstehende Makromoleküle zeigten diese Eigenschaft nicht und lösten sich wieder auf (Selektion).

Wenn man von einer Reproduktion der Proteine und Nukleinsäuren ausgehen kann, so ist es wahrscheinlich, dass sich bei der katalytischen Synthese zyklische Abläufe entwickelten: Ein Ursprungs-Ribozym bzw. ein Ursprungs-Protein katalysiert die Bildung eines zweiten, das eines dritten usw., bis wieder das erste gebildet wird. Eine Konkurrenzsituation um freie Bausteine wird so vermieden, allerdings bleibt das System durch die Verkettung einzelner Makromoleküle instabil: Fällt nur ein Element aus, so gehen alle Moleküle verloren.

Die Theorie des **Hyperzyklus** vereinigt beide Makromoleküle in einem Zyklus, in dem RNA-Moleküle die Bildung spezifischer Proteine steuern und umgekehrt. Dieses Zusammenwirken bietet Vorteile für die Sicherheit des Kreislaufs, der sich zudem durch Rückkopplungen verstärkt.

In diesem System wirken nun **evolutive Prozesse**: Diejenigen Hypersysteme, deren Zyklen am besten organisiert sind und deren katalytische Prozesse am effektivsten ablaufen, können die in der Ursuppe immer knapper werdenden Nukleotide und Aminosäuren zur Reproduktion nutzen. Einzelne Teilbereiche müssen dabei veränderbar sein, ohne das Gesamtsystem zu gefährden.

Systematisch übernehmen die Proteine auch **strukturbildende** Aufgaben, z. B. im Bereich der Abgrenzung zur Außenwelt (Bildung von Membranen), und wirken als **Enzyme** des Stoffwechsels. Der Stoffwechsel sichert die kontinuierliche Bereitstellung von Nukleotiden und Aminosäuren und später deren Synthese aus anderen Stoffen. Die Struktur der Proteine bleibt in der spezifischen Nukleotidsequenz gespeichert und spezialisierte Enzyme sorgen für deren Vervielfältigung (Replikationsenzyme) und die Proteinsynthese selbst (Ribosomen).

11.2 Anfänge der biologischen Evolution

Die aus den Koazervaten entstandene Urzelle war zunächst prozytisch organisiert (siehe (1) S. 4). Diese Ur-**Prokaryoten** waren auf die Zufuhr der von ihnen benötigten Stoffe angewiesen. Der Selektionsdruck durch den zunehmenden Mangel an organischen Verbindungen führte zur Bildung von autotrophen Formen, die zunächst anaerob die vorhandenen anorganischen Stoffe durch **Chemosynthese** assimilieren konnten (siehe (1) S. 46). Vor etwa 3 Milliarden Jahren entwickelte sich bei Cyanobakterien die **Fotosynthese**, bei der Licht als Energiequelle der Assimilation dient (siehe (1) S. 40 ff.). Der dadurch in großen Mengen entstehende und für die meisten damaligen Organismen giftige Sauerstoff erhöhte den Selektionsdruck in Richtung zur **aeroben Dissimilation** und der Bildung sauerstoffresistenter Strukturen.

Nach der Endosymbiontentheorie (siehe (1) S. 5) kam es vor etwa 1,8 Milliarden Jahren zur Bildung der ersten einzelligen **Eukaryoten**. Deren euzytische Zellorganisation bot die Möglichkeit zur Entwicklung von Organismen mit vielen **differenzierten, arbeitsteiligen Zellen**. Die Aufspaltung in die jetzt noch existierenden Reiche der eukaryotischen Organismen (Pilze, Pflanzen und Tiere) hatte damit begonnen.

12 Evolution des Menschen

Der Vergleich von Merkmalen des Menschen mit denen von bestimmten Fossilien und heute lebenden Affen hat gezeigt, dass der Mensch sich in das natürliche System der Organismen einordnen lässt. In der Gruppe der Säugetiere bildet er zusammen mit den Affen und Halbaffen die Ordnung der **Primaten**. Mit seinen engsten noch lebenden Verwandten, den Schimpansen, den Gorillas und den Orang-Utans, wird der Mensch in die Familie der Menschenaffen eingeordnet.

12.1 Der Mensch ist ein Primat

Die enge Verwandtschaft zwischen dem Menschen und den übrigen Menschenaffen lässt sich an vielen Gemeinsamkeiten aufzeigen. Die großen **Ähnlichkeiten im Körperbau** (siehe auch S. 113 f.) sind dabei auf die gemeinsame Entwicklungsgeschichte der Primaten zurückzuführen: Die Besiedlung des Lebensraums „Baum" durch ursprünglich Boden bewohnende Insektenfresser erforderte besondere Anpassungen, die auch heute noch bei allen Primaten sichtbar sind.

Nach paläontologischen Befunden existierten bereits vor 30 Millionen Jahren spitzhörnchenähnliche Vorfahren der echten Affen. Diese Waldbewohner besaßen vergrößerte und nach vorn verlagerte Augen, die zum **räumlichen Sehen** befähigt waren. Im neuen „dreidimensionalen" Lebensraum verbesserte dies die Fähigkeit zum Abschätzen von Entfernungen und zur geschickten Koordination der Handbewegungen. Durch die **Volumenzunahme des Großhirns** und die vermehrten Faltungen seiner Rinde werden komplexere Denkprozesse möglich. Diese Anpassung ermöglichte die bessere Kontrolle der Fortbewegung im komplizierten Geäst der Bäume.

Greifhände und -füße machten das Klettern einfacher und ermöglichten außerdem die Handhabung von Werkzeugen. Dazu können der Daumen und die große Zehe der Hand- bzw. Fußfläche zumindest ansatzweise gegenübergestellt **(opponiert)** werden.

Die enge Verwandtschaft zwischen Menschen und Menschenaffen lässt sich auch durch den Vergleich der **Karyogramme** (siehe S. 8) belegen: Alle Chromosomen der Menschenaffen stimmen in der Feinstruktur mit den menschlichen Chromosomen überein. Die geringere Zahl der Chromosomen beim Menschen (46 statt 48 bei allen übrigen Menschenaffen) entstand vermutlich durch die Verschmelzung zweier kleiner Chromosomen bei der Abtrennung der Entwicklungslinie des Menschen.

Auch serologische Untersuchungen wie der **Präzipitintest** (siehe S. 104), die DNA-Hybridisierung (siehe S. 107) sowie ein **Gesamt-DNA-Vergleich** (99 % Übereinstimmung)

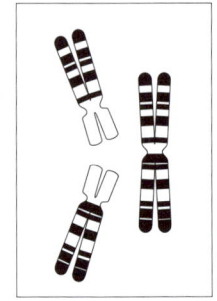

Chromosomen des Schimpansen (links) und des Menschen (rechts)

weisen darauf hin, dass der Mensch am nächsten mit den Schimpansen verwandt ist. Weiterhin ist die Aminosäuresequenz einiger wichtiger Proteine wie die des Hämoglobins bei Mensch und allen Menschenaffen nur an wenigen Stellen unterschiedlich; beim Cytochrom c ist sie für Mensch und Schimpanse völlig identisch.

12.2 Die Sonderstellung des Menschen

Es gibt jedoch auch zweifellos einige Unterschiede zwischen den Menschen und den nicht-menschlichen Menschenaffen. Die körperlichen und geistigen Unterschiede zwischen Menschen und Menschenaffen ergeben sich dabei zum Großteil aus dem **aufrechten Gang** des Menschen.

Anatomische Unterschiede Mensch – Menschenaffe

Der Mensch hat eine **doppelt S-förmige Wirbelsäule**, durch die beim aufrechten Gang Rumpf und Kopf besser abgefedert werden. Außerdem ergibt sich eine Verlagerung des Schwerpunktes über die Stützfläche der Füße. Die übrigen Menschenaffen haben dagegen eine gerade oder einfach gebogene Wirbelsäule.

Die menschlichen **Beine** sind gegenüber denen der anderen Menschenaffen verlängert und durchgestreckt. Sie können damit den Körper komplett tragen und verringern den Kraftaufwand beim aufrechten

Laufen. Der Fuß ist gewölbt und die große Zehe ist nicht mehr opponierbar. Der Kletterfuß hat sich damit in einen **Lauffuß** umgewandelt.
Da die Arme und vor allem die **Hände** beim Menschen für die Fortbewegung nicht mehr benötigt werden, sind sie nun „frei" für andere Aufgaben. Die Hand mit dem vergleichsweise langen und vollständig oppo-
nierbaren Daumen wird zum idealen Greiforgan.
Das **Hinterhauptsloch des Schädels**, die Eintrittsstelle des Rücken-
marks und der Auflagepunkt des Schädels auf der Wirbelsäule, ist beim
Menschen gegenüber den anderen Menschenaffen nach vorne verscho-
ben. Durch die zentrale Auflage des Schädels balanciert dieser im
Schwerpunkt auf der Wirbelsäule, sodass weniger Kraft benötigt wird,
um den Schädel aufrecht zu halten.

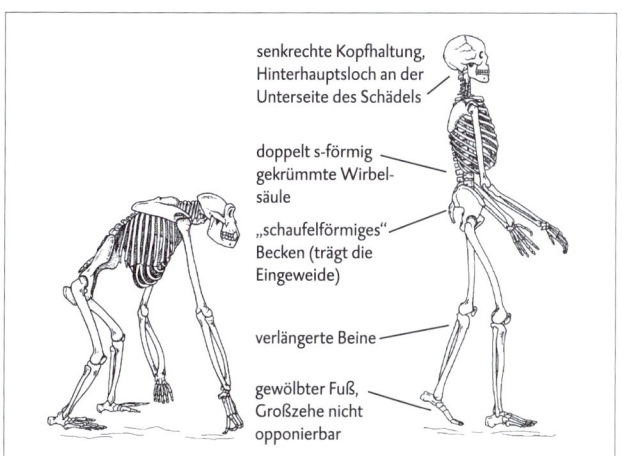

senkrechte Kopfhaltung,
Hinterhauptsloch an der
Unterseite des Schädels

doppelt s-förmig
gekrümmte Wirbel-
säule

„schaufelförmiges"
Becken (trägt die
Eingeweide)

verlängerte Beine

gewölbter Fuß,
Großzehe nicht
opponierbar

Anpassungen an den aufrechten Gang

Sehr deutliche Unterschiede gibt es auch zwischen dem **Schädel** der
Menschen und der nicht-menschlichen Menschenaffen: Der Hirnschädel des Menschen ist hoch aufgewölbt, wodurch eine Vergrößerung des
Gehirnvolumens ermöglicht wird. Durch die Verlagerung von Ober-
und Unterkiefer unter den Hirnschädel **(Rückbildung der Schnau-
zenpartie)** wird die Balance des Schädels auf der Wirbelsäule verbessert.

Nach der Verlagerung des Oberkiefers unter den Hirnschädel ist die Verstärkung des Schädels durch **Überaugenwülste** (zum Abfangen des Kaudrucks) nicht mehr nötig. Gleichzeitig wird durch die Verkleinerung des Oberkiefers der Platz für die Backenzähne deutlich verringert. Daher sind die Backenzähne des Menschen nicht wie die der übrigen Menschenaffen U-förmig, sondern in einer Parabelform angeordnet. Die Eckzähne des Menschen sind gegenüber denen der anderen Menschenaffen sehr klein, sodass die sog. **Affenlücke** zwischen den Schneide- und Eckzähnen (auch im Unterkiefer) wegfallen kann.

Aufgrund der Verlagerung des Unterkiefers des Menschen entfällt dort auch die sog. **Affenplatte**, da sie zu viel Platz beanspruchen würde. Stattdessen bildet das nun **vorspringende Kinn** eine Knochenleiste, die gegen die Wirkung der Scherkräfte beim Kauen stabilisiert.

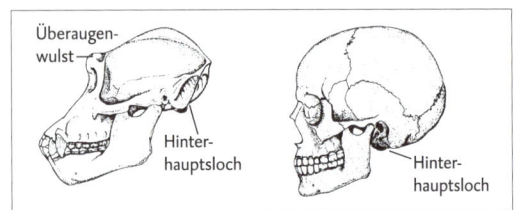

Überaugen-
wulst

Hinter-
hauptsloch

Hinter-
hauptsloch

Schädel von
Schimpanse
und Mensch

Entwicklung zum heutigen Menschen

Aus Fossilfunden geht hervor, dass die stammesgeschichtliche Entwicklungslinie, die zur Entstehung der heutigen Menschen führte, vor etwa 6 Millionen Jahren begann. Das Schlüsselereignis, durch das die Menschwerdung **(Anthropogenese, Hominisation)** angestoßen wurde, war wahrscheinlich wiederum ein Wechsel des Lebensraums: Die ersten Formen, die von tropischen Wäldern zu Savannen, also von den Bäumen wieder zurück auf den Boden wechselten, brachten die für sie vorteilhaften Anpassungen an den Lebensraum „Baum" mit (Präadaptation). Schon die ersten Savannenbewohner waren in der Lage, ständig oder vorwiegend aufrecht auf zwei Beinen zu laufen. Sie hatten außerdem sehr leistungsfähige Augen und Greifhände. Im Verlauf der weiteren Entwicklung kam es allmählich zur weiteren Vergrößerung des Gehirns, zur Abflachung des Gesichtsschädels, zur Reduktion der Überaugenwülste und zur Zunahme der geistigen Fähigkeiten sowie der handwerklichen Geschicklichkeit. Die Entwicklung vom Tier zum Menschen geschah dabei nicht plötzlich, sondern während eines langen Zeitraums

(**Tier-Mensch-Übergangsfeld** = TMÜ). Zu den sog. Vormenschen gehört u. a. der *Australopithecus afarensis* („Lucy"), dessen Schädel viele Merkmale der Menschenaffen trägt, der in Rumpf und Gliedmaßen aber bereits dem Menschen ähnelt.

Als Kriterium für die **Definition des Menschen** (Gattung *Homo*) wird heute die Fähigkeit zur Herstellung von Werkzeugen angesehen, verbunden mit einem ständig aufrechten Gang. Die ersten Vertreter der Gattung Homo waren der *H. rudolfensis* und der *H. habilis*. Sie konnten bereits einfache Steinwerkzeuge herstellen. Vor ca. 2 Mio. Jahren entwickelte sich der *H. erectus*, der sich von Afrika aus weltweit verbreitet hat (Funde in Südasien, Ostchina und Europa, u. a. in Heidelberg). Sein größeres Hirnvolumen befähigte diesen Frühmenschen zum Feuergebrauch und zur Herstellung von Faustkeilen. Wie sich aus H. erectus der H. sapiens entwickelt hat, wird zurzeit unter Experten kontrovers diskutiert.

Als gesichert gilt inzwischen, dass der Neandertaler *(H. neanderthalensis)* eine eigene Art und keine Unterart des *H. sapiens* darstellt. Der Neandertaler war in Europa (Neandertal bei Düsseldorf) und Vorderasien verbreitet und entsprach in vielen Merkmalen dem heutigen Menschen. Jedoch war die Form seines Schädels archaischer (mit Überaugenwülsten und fliehendem Kinn) und er hatte einen kräftigeren, gedrungenen Körperbau. Als gesichert gilt heute, dass der Neandertaler eine Seitenlinie der Entwicklung darstellt, die mehr als tausend Jahre parallel zum modernen Menschen existierte und nichts zu dessen Genpool beitrug.

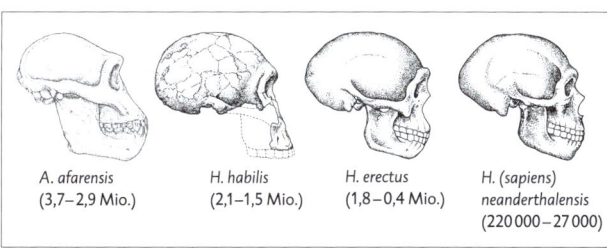

A. afarensis
(3,7–2,9 Mio.)

H. habilis
(2,1–1,5 Mio.)

H. erectus
(1,8–0,4 Mio.)

H. (sapiens)
neanderthalensis
(220 000 – 27 000)

Schädel verschiedener fossiler Menschenformen

Alle heute auf der Erde lebenden, „modernen" Menschen gehören zur Art *H. sapiens*, die das erste Mal vor etwa 150 000 Jahren auftrat. Zur Herkunft des *H. sapiens* gibt es zwei Theorien:

- Die Art entwickelte sich in Afrika vor ca. 200 000 Jahren aus dem *H. erectus*, hat sich von dort aus in mehreren Schüben auf die gesamte Erde ausgebreitet und die *H.-erectus*-Formen verdrängt. Diese **Out-of-Africa-Theorie** wird heute aufgrund vieler molekularbiologischer Befunde als hoch wahrscheinlich angesehen. Besonders die nur in wenigen Formen auftretende, über die Eizellen weitergegebene mitochondriale DNA legt die Vermutung nahe, dass die heutige Menschheit einen einzigen Ursprung hat („Eva-Hypothese").
- Nach der sog. **multiregionalen Theorie** hat sich der *H. sapiens* überall auf der Erde aus *H.-erectus*-Formen entwickelt. Wanderungen haben dann zu dem relativ einheitlichen Genpool der heutigen Menschheit geführt. Auch für diese These sprechen einige Fakten, z. B. das hohe Alter einiger *H.-sapiens*-ähnlicher Funde in Asien.

Kulturelle Evolution

Die Entwicklungsgeschichte des Menschen stellt insofern eine Besonderheit dar, als sich in ihr **biologische** und **kulturelle Evolution** verschränken. Die starke Zunahme des Hirnvolumens und die daraus resultierende wachsende Intelligenz ermöglichten dem Menschen als einzigem Lebewesen auf der Erde die Erfindung und Ansammlung von Kulturgütern. Die geistigen Voraussetzungen sowie die anatomischen Veränderungen im Bereich des Kehlkopfes führten auch zur Entwicklung einer **Lautsprache**, die die detaillierte Weitergabe erworbener Kenntnisse möglich macht. Kulturelle Fortschritte wie der Werkzeug- und Waffengebrauch, Bekleidung oder Kommunikation durch Sprache beeinflussten die Entwicklung des Menschen viel stärker, als der Selektionsdruck der Umweltfaktoren es allein vermocht hätte.

Biologische und kulturelle Evolution erfolgen nach ähnlichen Prinzipien. In beiden Fällen geht es um Speicherung, Weitergabe und Änderung von Information. Die kulturelle Evolution läuft allerdings sehr viel schneller ab als die biologische, da hierbei auch **erworbene Eigenschaften** (Ideen, Kenntnisse, Fähigkeiten) mithilfe der Sprache weitergegeben werden können. Vorteilhafte Neuerungen bleiben so erhalten und werden zum **Kulturgut** einer Gruppe.

Verhalten

13 Problemstellungen und Methoden der Verhaltensbiologie

Verhalten ist die Gesamtheit aller **Aktionen** und **Reaktionen** tierischer Organismen. Dazu gehören u. a. Bewegungen, Körperhaltungen, Mimik und Gestik oder auch Lautbildungen. Solche Lebensäußerungen besitzen elementare Funktionen wie z. B. Nahrungssuche und Kommunikation (z. B. Warnung).

Das Gesamtverhalten lässt sich in größere Verhaltenskomplexe oder **Funktionskreise** (z. B. Fortpflanzungsverhalten) einteilen, die wiederum aus unterschiedlich stark miteinander verschränkten **Verhaltensweisen** (z. B. Balzverhalten) bestehen. Diese äußern sich in einzelnen charakteristischen **Handlungen** (z. B. Brüllen).

Die Verhaltensbiologie oder **Ethologie** ist eine Teildisziplin der Biologie, die die klassische vergleichende Verhaltensforschung durch interdisziplinäre Ansätze und Spezialisierung erweitert hat.

Die Ermittlung der Elemente des genetisch programmierten Verhaltens im Vergleich zu dem im Laufe der Individualentwicklung erworbenen Verhalten ist eines der bedeutendsten Ziele der modernen Ethologie. Beide Formen treten jedoch nur selten in reiner Form auf und sind besonders bei komplexen Verhaltensweisen stark miteinander verschränkt. Die Verhaltensbiologie beschäftigt sich außerdem mit folgenden **Problemstellungen:**

- Wechselwirkungen zwischen Physiologie und Verhalten
- Einfluss von Verhalten auf die Fitness (siehe S. 89) bzw. auf die Evolution der Art
- Veränderung des Verhaltens während der Individualentwicklung
- Spezifik menschlichen Verhaltens
- Optimierung von Haltungsbedingungen bei Haustieren (Gedrängefaktor, Individualabstände, intraspezifisches Verhalten, Revierverhalten, Brunftverhalten)

Zur Klärung dieser Fragen bezieht die Ethologie neben der Beobachtung von Verhalten auch Erkenntnisse aus der Genetik, der Neurobiologie und der Ökologie mit ein. Die Hauptmethode ist jedoch weiterhin das Beobachten und Registrieren des Verhaltens und die Erarbeitung von **Ethogrammen**, gegliederten Beobachtungsprotokollen. Die Beobachtung artspezifischer Verhaltensweisen erfolgt unter natürlichen oder künstlichen, teilweise experimentell veränderten Bedingungen:

- In **Freilandversuchen** kann die Gesamtheit der natürlichen Verhaltensweisen einer Tierart erfasst werden. Hierbei wird auch die Funktion sichtbar, die ein bestimmtes Verhalten im Leben des Tieres hat.
- In **Laborversuchen** dagegen können einzelne Verhaltensweisen genauer analysiert werden. Durch gezielt herbeigeführte experimentelle Bedingungen können die Auslöser eines Verhaltens sowie dessen Abläufe und gegebenenfalls Lernprozesse verfolgt werden. Allerdings kann das Verhalten der unter unnatürlichen Bedingungen gehaltenen Tiere von deren natürlichem Verhalten abweichen.
- **Isolierungsversuche** (Kaspar-Hauser-Experimente) sind geeignet, um angeborene, genetisch fixierte Verhaltensweisen zu erkennen: Tiere, die isoliert von ihren Artgenossen aufwachsen, können nur Verhaltensweisen zeigen, die ihnen angeboren sind, d. h. die sie nicht erst durch Nachahmung erlernen müssen. Eine Beeinflussung des Verhaltens der Tiere durch die extremen experimentellen Bedingungen ist hierbei aber sehr wahrscheinlich. Wird ein bestimmtes Verhalten nicht gezeigt, können keine Rückschlüsse daraus gezogen werden, da das Ausbleiben des Verhaltens auch auf die andauernde Isolation zurückzuführen sein kann.

Weiterhin tragen die anderen genannten Teildisziplinen der Biologie mit ihren spezifischen Fragestellungen zur Untersuchung von Verhalten bei, z. B.:

- **Neurobiologie:** neurophysiologische Grundlagenforschungen (an Verhalten und Lernprozessen beteiligte Abschnitte des Nervensystems, Gedächtnis usw.)
- **Genetik:** Suche nach verhaltenssteuernden Genen durch Kreuzungsexperimente oder gezieltes Ausschalten von Genen
- **Endokrinologie:** Erforschung der Wirkung von Hormonen auf die Steuerung des Verhaltens
- **Ökologie:** Untersuchung der Wirkung von Umweltbedingungen (Verhaltensökologie)

14 Angeborenes Verhalten

Verhalten ist ein komplexer Vorgang, bei dem neuronale, hormonelle, physiologische und anatomisch-morphologische Elemente verrechnet werden müssen. Wenn von angeborenem, erbkoordiniertem oder genetisch programmiertem Verhalten gesprochen wird, ist deshalb nicht die Expression von speziellen „Verhaltensgenen" gemeint. Vielmehr reguliert das Zusammenwirken vieler Gene den systematischen Aufbau neuronaler Verschaltungen und deren komplexe Einbindung in andere Systeme, die insgesamt das Verhalten steuern.

Elementare Verhaltensweisen, die überlebensnotwendig sind, werden als synaptische Verschaltungen des zentralen Nervensystems (siehe (1) S. 64) bereits während der Embryonalentwicklung auf der Basis genetischer Vorgaben angelegt. Sie können sofort nach der Geburt fehlerfrei ausgeführt werden, z. B. der Greifreflex von Säuglingen oder das Beutefangverhalten einer Kröte.

Zur Aktivierung der jeweiligen Verschaltungen muss noch ein spezifischer äußerer Reiz wirken, um dann die entsprechenden Reaktionen auszulösen.

14.1 Unbedingte Reflexe

Ein Reflex stellt die einfachste Form des angeborenen Verhaltens dar. Er ist eine rasche, **unbewusste Reaktion** des Organismus auf einen äußeren Reiz, die nach Überschreiten einer Reizschwelle immer verzögerungsfrei und stereotyp abläuft. Wird der Reflex spontan auf ein Reizmuster hin ausgelöst, dessen Erkennung angeboren ist, spricht man von einem unbedingten Reflex (Gegensatz: bedingter Reflex, siehe S. 126).

Reflexe haben oft eine **Schutzfunktion** für den Körper. Sie werden über **Reflexbögen** (Reiz-Reaktions-Ketten) gesteuert, deren Schaltneuronen im Rückenmark bzw. im Stammhirn liegen (siehe (1) S. 74).

Man unterscheidet verschiedene Reflextypen nach der Entfernung zwischen Reizaufnahme und Reaktion bzw. nach der Anzahl der beteiligten Neuronen:

- **Eigenreflexe:** Der Ort der Reaktion befindet sich im gleichen Organ wie der Ort der Reizaufnahme durch den Rezeptor (z. B. Kniesehnenreflex: Bei Reizung der Kniesehnen werden die Rezeptoren im Streckmuskel des Oberschenkels gedehnt, sodass der Muskel kontrahiert).

- **Fremdreflexe:** Der Ort der Reaktion befindet sich vom Ort der Reizaufnahme relativ weit entfernt (z. B. Rückziehreflex: Beim Berühren einer Kerzenflamme mit der Hand kontrahieren die Armmuskeln).
- **Monosynaptische Reflexe:** Die Reflexbögen laufen nur über je ein Schaltneuron im Rückenmark ab (die meisten Eigenreflexe).
- **Polysynaptische Reflexe:** Diese Reflexe erfordern noch mindestens ein weiteres Schaltneuron (bei Fremdreflexen).

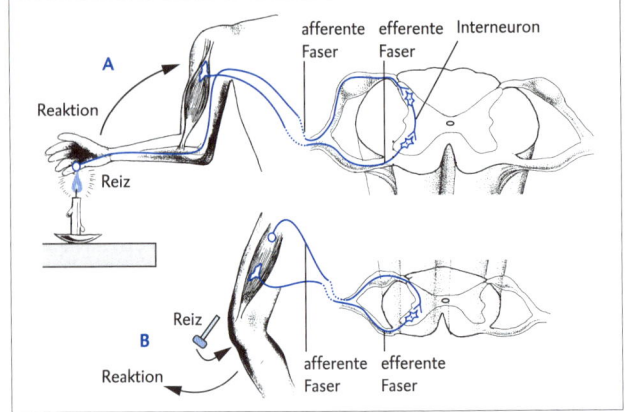

Reflexbögen: Polysynaptischer Fremdreflex (A) und monosynaptischer Eigenreflex (B)

14.2 Instinkthandlung

Genauso starr und unabänderlich wie die Reflexe laufen die komplexeren Verhaltensmuster der Instinkthandlungen ab, z. B. beim Beutefang, der Abwehr von Fressfeinden, der Balz oder der Brutpflege.
Im Unterschied zu den unbedingten Reflexen ist die Reizschwelle zur Reaktionsauslösung variabel und wie die Intensität der ausgelösten Reaktionen auch von inneren Faktoren abhängig.

Phasen einer Instinkthandlung
Der Ablauf einer Instinkthandlung lässt sich in drei Phasen unterteilen:
- **Appetenzverhalten:** ungerichtetes Suchen nach einem Reiz, der die Instinkthandlung auslösen kann; auch als **ungerichtete Appetenz** bezeichnet

- **Taxis:** auf einen bestimmten Reiz hin gerichtete Orientierungsbewegung; auch als **gerichtete Appetenz** bezeichnet
- **Endhandlung:** artspezifischer Bewegungsablauf, der nicht mehr aufzuhalten ist, wenn er einmal durch einen Reiz ausgelöst wurde

| Appetenz | Taxis | Endhandlung |

Modell des Ablaufs einer Instinkthandlung

Voraussetzungen für eine Instinkthandlung

Damit eine Instinkthandlung wie oben beschrieben abläuft, sind zwei Faktoren nötig: ein äußerer, adäquater (passender) Reiz, der die Instinkthandlung auslösen kann, und die innere Bereitschaft des Tieres, die betreffende Endhandlung auszuführen.

Die **Handlungsbereitschaft** (Motivation, Antrieb, innere Bereitschaft) zur Durchführung einer reizabhängigen Handlung wird durch **innere Faktoren** (Hunger, Krankheit, Sexualhormone usw.) und durch **äußere Faktoren** wie Temperatur, Licht, Jahreszeit oder Populationsdichte (siehe (1) S. 107) beeinflusst. Weiterhin senken vorangegangene erfolgreiche Endhandlungen die Handlungsbereitschaft stark ab.

Eine hinreichend entwickelte Handlungsbereitschaft führt zur ungerichteten Suchbewegung nach einer Möglichkeit für die Triebbefriedigung, dem oben beschriebenen Appetenzverhalten. Dieses besteht in der aktiven Suche nach einem passenden **Schlüsselreiz**, der das typische Verhalten auslösen kann (siehe S. 122).

Die Stärke der inneren Bereitschaft und die des Reizes werden im sog. Koinzidenz-Element (bestimmte Nervenzellen) miteinander verrechnet **(Prinzip der doppelten Quantifizierung)**. Das Ergebnis entscheidet darüber, ob die Erregungsschwelle für eine Endhandlung überschritten wird, und bestimmt die Intensität der Endhandlung. So ist z. B. die Menge der Nahrung, die aufgenommen wird, abhängig von der inneren Bereitschaft zur Nahrungsaufnahme (Hunger) und der Qualität und/oder Menge der angebotenen Nahrung. Dies bedeutet auch, dass bei hoher Handlungsbereitschaft bereits ein gering ausgeprägter Schlüsselreiz zur Handlungsauslösung genügt und umgekehrt.

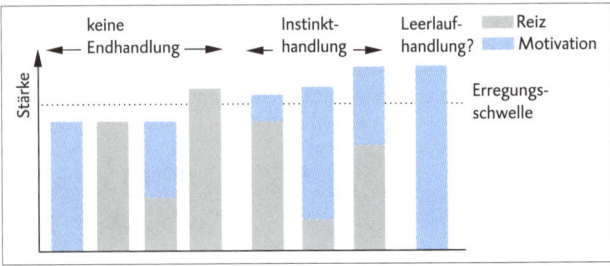

Prinzip der doppelten Quantifizierung

Ist die innere Bereitschaft groß genug, läuft eine Endhandlung mitunter ohne offensichtlichen Außenreiz ab. K. LORENZ schloss daraus auf die Existenz einer sog. **Leerlaufhandlung**, bei der allein der „Triebstau" zur Auslösung der Endhandlung führt. Diese Vorstellung wird allerdings heute infrage gestellt, da nur bei wenigen Verhaltensweisen eine scheinbare Leerlaufhandlung zu beobachten ist und die völlige Abwesenheit eines Außenreizes nicht einwandfrei bewiesen werden kann. Bei genügend hoher Motivation reicht vielleicht schon ein Staubkorn in der Luft, um eine Schnappbewegung bei der Kröte auszulösen. Unumstritten ist dagegen, dass ein beliebig starker Reiz ohne vorliegende Handlungsbereitschaft keine Reaktion auslösen kann.

Erkennung der Schlüsselreize

Ein Schlüsselreiz wirkt als „Schlüssel", der eine Endhandlung aktivieren kann. Das entsprechende „Schloss" besteht im sog. **angeborenen Auslösemechanismus (AAM)**.

Hierbei handelt es sich um eine Art „Reizfilter" im Zentralnervensystem, der bestimmte Reize erkennen und daraufhin eine Instinkthandlung aktivieren kann. Die genaue Struktur und die Funktionsweise eines solchen AAM sind nur in wenigen Fällen im Ansatz bekannt.

In den meisten Fällen wird auf die Existenz eines AAM indirekt über **Attrappenversuche** geschlossen. Dabei handelt es sich um Versuche mit künstlichen Reizmustern, durch die diejenigen Merkmale ermittelt werden sollen, die Schlüsselreize für die Auslösung eines Verhaltens darstellen. Dem Tier werden Attrappen angeboten, die dem natürlichen Reiz in einem Teilaspekt ähneln (Form, Farbe, Bewegung etc.), und die gezeigten Reaktionen werden ausgewertet.

Durch gezielte Variation der Attrappen lässt sich auch zeigen, dass der AAM die einzelnen Elemente eines Reizmusters verrechnet. Diese Beobachtung wird als **Reizsummation** bezeichnet: Verschiedene Reize, die zur Auslösung derselben Verhaltensweise beitragen (z. B. Form und Farbe einer Attrappe), können sich in ihrer auslösenden Wirkung gegenseitig fördern. Der einfachste Fall ist hierbei die Addition der Stärke der Teilreize. In den meisten Fällen handelt es sich aber um eine zwar deutliche, aber nicht additive gegenseitige Verstärkung, da die verschiedenen Komponenten eines verhaltensauslösenden Reizmusters unterschiedlich verarbeitet und verrechnet werden.

Ein Beispiel für das Wirken der Reizsummenregel sind die sog. **überoptimalen Schlüsselreize**. Attrappen mit bestimmten Reizkombinationen oder stark übertriebenen Merkmalen lösen die Instinkthandlung deutlich besser aus als die natürlich vorkommenden Reizmuster. So rollt eine Gans immer zuerst ein künstliches Riesenei zurück in ihr Nest, bevor sie sich um ihre eigenen Eier kümmert.

Die angeborenen Erkennungsmechanismen können im Laufe der Individualentwicklung durch Erfahrungsprozesse „verfeinert" werden (durch Erfahrung erweiterter AAM, **EAAM**). Eine junge Kröte schnappt zunächst nach allen kleinen, sich bewegenden Objekten. Nach und nach wird die Schnappbewegung nur noch durch Gegenstände ausgelöst, die der tatsächlichen, genießbaren Beute immer ähnlicher werden.

Auslösemechanismen können auch im Verlaufe der Entwicklung erlernt werden (erworbener Auslösemechanismus, **EAM**), so z. B. bei der Prägung (siehe S. 125 f.).

Handlungskette

Geht der Schlüsselreiz für ein bestimmtes Verhalten von einem Artgenossen aus, so spricht man von einem **Auslöser** (z. B. Körpermerkmale oder Bewegungen, die der Verständigung dienen). Ist die Instinkthandlung eines Tieres dabei der Auslöser für eine darauf folgende Instinkthandlung eines Artgenossen, so liegt eine **Handlungskette** vor.

Bei der Balz des Stichlings z. B. sind aufeinanderfolgende Einzelhandlungen von Männchen und Weibchen in einem charakteristischen (in der Abbildung idealisiert dargestellten) Schema angeordnet. Die Reihenfolge der Instinkthandlungen ist dabei in gewissen Grenzen variabel. Mitunter können Anteile wiederholt oder sogar übersprungen werden.

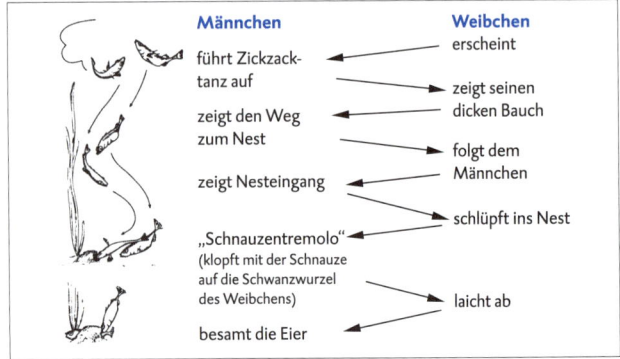

Handlungskette bei der Balz des Stichlings

Verhaltenskonflikte

Tiere kommen in einen Verhaltenskonflikt, wenn in einer Situation Schlüsselreize für verschiedene Handlungen auftreten, zu denen auch eine innere Bereitschaft vorliegt.

Mit ein und demselben äußeren Reiz lassen sich – je nach innerem Antrieb – unterschiedliche Reaktionen auslösen. Ob das Männchen der Springspinne eine Spinnenattrappe als Beute betrachtet und frisst oder für ein Weibchen hält und anbalzt, hängt von der Zahl der vorausgegangenen Hungertage ab. Im **Konflikt der beiden Antriebe** unterdrückt der stärkere den schwächeren Antrieb völlig und es wird nur die entsprechende Verhaltensweise gezeigt. Ein „Mischverhalten" tritt nicht auf.

Werden zwei gleich starke Antriebe festgestellt, so können sich die beiden entsprechenden Handlungen gegenseitig hemmen. In der Folge wird eine **Übersprungshandlung** mit schwächerer Motivation ausgeführt, die mit der vorliegenden Situation nichts zu tun hat. Nähert man sich z. B. einem brütenden Blässhuhn, so hemmen sich dessen Antriebe zur Brutpflege und Flucht. Statt zu flüchten oder sein Gelege zu verteidigen, fängt das Huhn an, sich zu putzen.

Eine andere Sonderform ist die **umorientierte Handlung**, bei der sich die Endhandlung gegen ein Ersatzobjekt richtet. Im Kampf gegen einen deutlich stärkeren Artgenossen z. B. kann ein Konflikt zwischen Angriffs- und Fluchttendenzen entstehen. Die Aggression des Unterlegenen richtet sich dann beispielsweise gegen einen Baumstamm.

15 Erlerntes Verhalten

Lernen im ethologischen Sinne ist die Fähigkeit von Tieren, ihr Verhalten über die genetisch programmierten Muster hinaus an variierende Umweltbedingungen anzupassen.

Grundlage für Lernvorgänge ist die Speicherfähigkeit des Gehirns (**Gedächtnis**, siehe (1) S. 72). Eintreffende neue Wahrnehmungen müssen mit bereits Gespeichertem verglichen und mit zweckmäßigen Reaktionen assoziiert werden **(Erfahrung)**.

Lernvorgänge können obligatorisch (lebensnotwendig) oder fakultativ (individuell und nicht überlebenswichtig, wie z. B. die „Erziehung" eines Hundes durch den Menschen) sein.

Beim obligatorischen Lernen kommt es häufig zur sog. **Instinkt-Dressur-Verschränkung**, bei der angeborene Verhaltensweisen durch Lernvorgänge erst vollständig funktionsfähig werden. Beispielsweise benagt ein Eichhörnchen Nüsse zwar in einer angeborenen Instinkthandlung, muss die richtige Methode zum schnellen und effizienten Knacken aber erst durch Probieren herausfinden. Ein weiteres Beispiel für einen obligatorischen Lernvorgang ist die **Habituation**, die erlernte Unterdrückung eines Verhaltens durch Gewöhnung an einen sich ständig wiederholenden, aber nicht bedeutsamen Reiz (z. B. das fehlende Fluchtverhalten von Tauben in der Stadt bei Annäherung eines Menschen).

15.1 Prägung

Die Prägung ist ein elementarer, obligatorischer Lernvorgang, der nur in einer kurzen, sehr früh in der Individualentwicklung auftretenden sog. **sensiblen Phase** stattfindet. Es erfolgt eine dauerhafte und irreversible Verknüpfung einer angeborenen Verhaltensform mit einem erlernten Auslöser; ein EAM wird ausgebildet. Bei der **Objektprägung** werden die Merkmale eines Gegenstandes gelernt, an den die Handlungen später dauerhaft gebunden sind. Je nach Objekt der Prägung unterscheidet man

- die **Nachfolgeprägung:** Ein AAM bei Gänsevögeln bewirkt, dass sie nach ihrem Schlüpfen dem ersten beweglichen Objekt nachfolgen, das sie sehen. Normalerweise erfolgt die Prägung auf die Mutter, bietet also Schutz und Sicherheit. Da der AAM aber relativ grob ist, konnte K. LORENZ Gänseküken auf seine Gummistiefel prägen.

- die **sexuelle Prägung:** Während der sensiblen Phase werden artspezifische Merkmale des künftigen Sexualpartners langfristig gespeichert. Erst nach Erreichen der Geschlechtsreife werden die Auslösemechanismen zur Fortpflanzung wirksam. Ein Hahn, der zusammen mit Enten aufgewachsen ist, wird seine Balz später (vergeblich) nur auf Entenweibchen ausrichten, auch wenn Hühner in der Nähe sind.
- die **Ortsprägung:** Bei Zugtieren erfolgt eine Festlegung auf eine bestimmte geografische Region oder einen Ort, die bewirkt, dass sie ihren früheren Lebensraum wieder aufsuchen. Störche kehren z. B. jedes Jahr zum Ort ihrer Geburt zurück, um dort zu brüten.
- die **Nahrungsprägung:** Mit der ersten Aufnahme von Nahrung erfolgt die Fixierung auf eine bestimmte Nahrungsart (Pflanzen, Beutetiere etc.), die später das Auffinden von geeignetem Futter in einer sich verändernden Umwelt erleichtert. Individuen derselben Tierart zeigen daher oft unterschiedliche Vorlieben bei der Nahrungswahl.

Auch beim Menschen können prägungsähnliche Erscheinungen auftreten. Deutlich wird das besonders bei psychischen Schäden, wie dem **Hospitalismus (Deprivationssyndrom)**. Fehlender sozialer Kontakt und mangelnde Versorgung z. B. in schlecht geführten Pflegeeinrichtungen oder Kinderheimen führen nicht nur zu körperlichen Defiziten, sondern auch zu psychischen Entwicklungsstörungen.

15.2 Konditionierung

Konditionierungen sind Vorgänge zum Erlernen reizspezifischen Verhaltens. Im Gegensatz zu Prägungen können sie in jeder Lebensphase erlernt und auch wieder verlernt werden.

Klassische Konditionierung
Bei der klassischen oder **reizbedingten Konditionierung** geht – wie der Name schon andeutet – die Lernsituation von einem Reiz aus.
In der Lernphase erfolgt die Verknüpfung eines ursprünglich neutralen Reizes mit einer bereits bestehenden Reiz-Reaktions-Kette. Dazu muss der neutrale Reiz immer wieder in zeitlicher und räumlicher Nähe **(Kontiguität)** zum Originalreiz auftreten. Der neutrale Reiz wird dadurch zum **bedingten Reiz** und löst nun ebenfalls die betreffende Reaktion aus. Diese ist damit zur **bedingten Reaktion** geworden.
Man unterscheidet drei Ergebnisse eines reizbedingten Konditionierungsvorgangs:

- **bedingter Reflex:** Ein „normaler", unbedingter Reflex (z. B. Lidschluss) wird auf einen unbedingten Reiz (Luftzug auf das Auge) hin ausgeführt. Durch die Verknüpfung mit einem ursprünglich neutralen Reiz (ein gleichzeitig mit dem Luftstrom auftretender Pfeifton) entsteht ein bedingter Reflex (Lidschluss beim Ertönen der Pfeife).
- **bedingte Appetenz:** Ein Appetenzverhalten, das aus einer inneren Bereitschaft eines Tieres resultiert, wird mit einem neutralen Reiz verknüpft, wenn die Befriedigung des Antriebs mehrmals zusammen mit diesem aufgetreten ist **(Lernen aus guter Erfahrung)**. Hierbei löst der bedingte Reiz also nach dem Lernvorgang ein bedingtes Appetenzverhalten aus. Im Gegensatz zum bedingten Reflex ist hier die Motivation des Tieres entscheidend. Der historische Versuch von I. PAWLOW mit Hunden ist ein typisches Beispiel für eine bedingte Appetenz (auch wenn er meist fälschlich als Beispiel für einen bedingten Reflex angeführt wird): Ein hungriger Hund sondert beim Anblick eines Fleischbrockens Speichel ab. Wenn die Fütterung immer wieder von einem Glockenton begleitet wird, reagiert der Hund bald auf den Glockenton allein mit Speichelfluss – allerdings nur, wenn er hungrig ist. Ein satter Hund wird das (bedingte) Appetenzverhalten nicht zeigen, da ihm die innere Bereitschaft dazu fehlt.
- **bedingte Aversion:** Durch negative Erfahrungen kann ein Meideverhalten erlernt werden, das auf einen ursprünglich neutralen oder sogar positiven Reiz hin erfolgt. In Laborversuchen entwickeln Ratten eine bedingte Aversion (Abneigung) gegen das Dunkel, wenn ihnen mehrmals ein leichter Stromschlag zugefügt wurde, sobald sie (ihrem natürlichen Verhalten folgend) die dunkle Ecke ihres Käfigs aufsuchten. So konditionierte Ratten meiden fortan die Dunkelheit.

Operante Konditionierung

Lernvorgänge der operanten, instrumentellen oder **verhaltensbedingten Konditionierung** gehen von einem zufällig gezeigten Verhalten des Tieres aus. Wenn dieses Verhalten zur Befriedigung eines Antriebs führt, wird die nun **bedingte Handlung** mit diesem Antrieb verknüpft und anschließend gezielt zu dessen Befriedigung eingesetzt.

Operante Konditionierungen sind die Basis vieler **Tierdressuren**. Je nachdem, ob eine Belohnung oder Bestrafung erfolgt, kann so eine neue Verhaltensweise erlernt oder ein unerwünschtes Verhalten unterbunden werden:

- **bedingte Aktion:** Ein zufällig ausgeführter Handlungsablauf wird durch positive Verstärkung (Belohnung) gefestigt. Erfolgt in der Lernphase zunächst die Belohnung auf die ungezielte Verhaltensweise hin, wird das neue Verhalten schließlich zum Erreichen der Belohnung ausgeführt.

In der sog. **Skinner-Box**, benannt nach ihrem Erfinder Frederic SKIN-NER, können bedingte Aktionen bei Tieren relativ rasch hervorgerufen werden. Setzt man eine Ratte in die Box, so wird sie ihre Umgebung erkunden, dabei zufällig den Hebel betätigen und dafür mit Futter belohnt werden. Nach mehrmaligen, mehr oder weniger zufälligen Ereignissen wird die Ratte „Hebeldrücken" mit „Nahrungserwerb" verknüpfen und den Hebel gezielt betätigen, wenn sie hungrig ist.

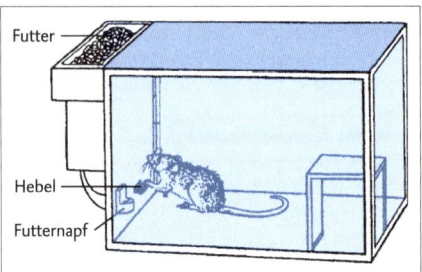

Futter

Hebel

Futternapf

Skinner-Box

- **bedingte Hemmung:** Ähnlich wie bei der bedingten Aversion kann bei der bedingten Hemmung eine negative Erfahrung eine Handlung blockieren. Im Gegensatz zur bedingten Aversion wird die negative Erfahrung aber nicht mit einem Reiz, sondern mit der eigenen Handlung verknüpft. Schmerz durch einen leichten Stromschlag verhindert beispielsweise bei Zootieren (und Besuchern) die Annäherung an den Begrenzungszaun des Geheges.

15.3 Höhere Lernleistungen

Lernen durch Versuch und Irrtum

Auf der Basis von Erfolg und Misserfolg lernt ein Individuum nach mehreren Versuchen die „richtige" Lösung zu einem komplexen Problem. Durch positive oder negative Erfahrungen wird diejenige (Teil-)Reaktion, die zu einer Belohnung führt, verfestigt und tritt in nachfolgenden Versuchen immer schneller auf, bis sie schließlich in der entsprechenden Situation sofort gezeigt wird. Diesem Lernprinzip liegt meist eine Kombination aus bedingter Appetenz, bedingter Aversion und bedingter Aktion zugrunde.

Die höchste Form des Lernens durch Versuch und Irrtum ist ein systematisches Ausprobieren verschiedener Lösungsmöglichkeiten, bis die effektivste Lösung für ein Problem gefunden wird. Versuch und Irrtum sind häufig auch an komplexeren Lernprozessen beteiligt (besonders beim Lernen durch Einsicht, s. u.), bei denen auch die Ergebnisse des Ausprobierens hinzugezogen werden.

Lernen durch Nachahmung

Lernprozesse setzen auch bei der **Imitation von Verhaltensabläufen** an. Diese nur bei Vögeln und Säugern beobachtbare Lernform erfordert ein inneres Abbild oder Modell des Handlungsablaufs, das dann vom Nachahmer umgesetzt werden kann. Durch die Imitation verbreiten sich zufällige Verhaltensweisen innerhalb der Population, wenn sie sich als vorteilhaft erwiesen haben **(Traditionsbildung)**.

Lernen durch Einsicht

Einsichtiges Lernen setzt eine hoch entwickelte Fähigkeit zur Informationsspeicherung und Assoziation voraus, die fast nur bei **Primaten** beobachtet wird. Die erweiterten **kognitiven Fähigkeiten** ermöglichen erst eine Einsicht in die Zusammenhänge von Ursache und Wirkung (**Kausalität**). Die einzelnen Teilschritte einer noch niemals realisierten, aber erlernbaren Handlung werden an einem durch Erfahrung gebildeten inneren Umweltmodell vorgenommen, bevor sie ausgeführt werden. Nach einer mehr oder weniger ausgeprägten Phase des Nachdenkens wird die geplante Handlung dann zielstrebig umgesetzt.

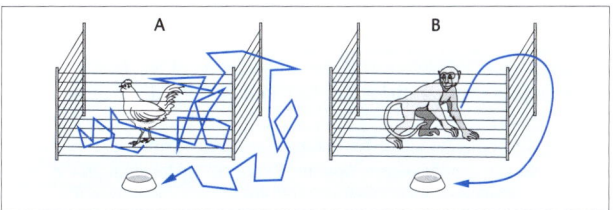

Lernen durch Versuch und Irrtum (A) und Lernen durch Einsicht (B)

Spielverhalten

Bei den Jungtieren der meisten lernfähigen Arten kann man ein charakteristisches Spielverhalten beobachten. Dabei werden unter sicheren Bedingungen wichtige Elemente überlebensnotwendiger Verhaltensweisen, z. B. der sozialen Kommunikation, der Verteidigung oder des Angriffs erprobt. Dabei können Teilhandlungen unterschiedlicher Funktionskreise sehr rasch und unmotiviert wechseln.

16 Sozialverhalten

Viele Tiere leben als Einzelgänger und finden sich nur zur Paarungszeit mit einem Artgenossen zusammen. Andere Tierarten leben in Verbänden:

- Die einfachste Art der Tiergesellschaft, bei der viele Tiere anonym an einem für sie günstigen Ort zusammenkommen, ist die **Aggregation** (z. B. Überwinterungsgesellschaft von Fledermäusen).
- In einem **anonym offenen Verband** interagieren die Individuen zusätzlich miteinander (z. B. Brutkolonien von Vögeln). Es können jedoch jederzeit Tiere hinzukommen oder wegbleiben.
- Dauerhafte Tiergesellschaften, bei der die Tiere sich nicht persönlich kennen, aber ein gemeinsames Erkennungsmerkmal tragen, nennt man **anonym geschlossenen Verband** (z. B. Ameisenstaaten, die sich am Nestgeruch erkennen).
- In den kleineren **individualisierten Verbänden** kennen sich die Individuen persönlich und sind zumeist miteinander verwandt (z. B. Wolfsrudel).

Die Vorteile solcher Zusammenschlüsse liegen im besseren Schutz des einzelnen Tieres vor Fressfeinden, dem einfacheren Auffinden eines Sexualpartners, Arbeitsteilung bei der Jungenaufzucht etc. Ein Nachteil ist aber, dass die **innerartliche Konkurrenz** in Tierverbänden sehr stark zum Tragen kommt (siehe (1) S. 103).

Das Zusammenleben vieler Tiere in einem Verband erfordert daher Mechanismen zur Verständigung und zur Regulierung der zwangsläufig aufgrund der Konkurrenzsituation auftretenden Aggression. Auch das Zusammenkommen zweier Einzelgänger zur Paarung wird erst durch bestimmte Verhaltensweisen ermöglicht. Alle Handlungen, die dieser Interaktion zwischen Artgenossen dienen, werden unter dem Begriff **Sozialverhalten** zusammengefasst.

16.1 Kommunikation

Bei Tieren erfolgt (ebenso wie beim Menschen) ein ständiger inner- und zwischenartlicher Austausch von Nachrichten. Im zwischenartlichen Bereich sind es meist optische oder akustische Signale, die einem potenziellen Fressfeind Gefährlichkeit oder Ungenießbarkeit signalisieren sollen (z. B. die auffällige Färbung giftiger Insekten, siehe auch S. 91 f.). Innerartliche Kommunikation ist die Voraussetzung für Sozialverhalten.

Signale der innerartlichen Kommunikation
Botschaften zwischen Artgenossen können auf verschiedenen Wegen ausgetauscht werden:
- **optische Signale:** Darunter fallen alle Körpermerkmale wie Farbe und Form, aber auch die Körpersprache, also Gestik und Mimik. Durch bestimmte Körperhaltungen können z. B. Aggressionsbereitschaft oder auch Unterlegenheit in einem Kampf signalisiert werden.
- **akustische Signale:** Lautäußerungen aller Art werden im Tierreich als Lock- und Warnruf oder zur Reviermarkierung eingesetzt. Dazu gehört das Trommeln der Spechte ebenso wie das Heulen der Wölfe.
- **chemische Signale:** Auch Duftstoffe werden in der Tierwelt vielfach als Mittel zur Kommunikation oder als Markierungen verwendet. Die wohl bekanntesten chemischen Signale sind die **Pheromone** der Seidenspinnerweibchen, die damit die sehr geruchsempfindlichen arteigenen Männchen aus weiter Entfernung anlocken können.
- **taktile Signale:** Kommunikation durch Körperkontakt findet man v. a. bei Säugetieren. Mit Verhaltensweisen wie dem gegenseitigen Lausen bei Affen werden Informationen über die Rangfolge ausgetauscht und der soziale Zusammenhalt gefördert.

Ritualisierung
Zur Verständigung werden auch Instinktbewegungen eingesetzt, die im Laufe der Evolution ihre Bedeutung verändert haben. Durch **Ritualisierung** sind diese Verhaltenselemente in den Dienst der Kommunikation getreten. Die ritualisierten Handlungen haben sich zu einem neuen und unverwechselbaren Verständigungsmittel zwischen Artgenossen entwickelt.
Ein typischer **Balztanz** besteht aus einer Aneinanderreihung solcher ritualisierten Verhaltensweisen. Meist handelt es sich dabei um Handlungen aus dem Brut- oder Körperpflegeverhalten (Füttern, Putzen etc.), die durch ihre Signalwirkung helfen, den normalerweise eingehaltenen

natürlichen Mindestabstand beider Partner, die sog. **Individualdistanz**, zu verringern und so die Paarung zu ermöglichen.

Ritualisierte Verhaltensweisen kommen auch als Gebärden im Rahmen der **innerartlichen Aggression** vor. Sie dienen hier der Abschreckung oder der Unterwerfung, sodass ein Kampf vermieden werden kann.

16.2 Aggression und Aggressionshemmung

Aggression umfasst allgemein alle Verhaltensweisen, die dem Angriff oder der Verteidigung dienen. Bei der **zwischenartlichen Aggression** finden meist sog. **Beschädigungskämpfe** statt, die Verletzung und Tötung des Gegners in Kauf nehmen oder sogar zum Ziel haben. Hier geht es meist um Beutefang bzw. um die Verteidigung gegen Fressfeinde.

Im Gegensatz dazu dient die **innerartliche Aggression** (bei der mitunter ebenfalls die Verletzung oder Tötung des Gegners in Kauf genommen wird) der Sicherung der Lebensgrundlagen im Rahmen der innerartlichen Konkurrenz um Nahrung, Wohnraum oder Sexualpartner.

Territorial- und Rangordnungsverhalten

Ausdruck der innerartlichen Aggression ist u. a. das **Territorialverhalten** zur Verteidigung des eigenen Reviers, das die (Nahrungs-)Grundlage für das Überleben und die Fortpflanzung bildet. **Reviere** können von Individuen, Paaren oder Verbänden dauerhaft oder nur zu bestimmten Zeiten (z. B. während der Brut) besetzt werden.

Beim Besetzen der Reviere (z. B. bei der Ankunft von Zugvögeln im Brutgebiet) kommt es oft zu Kämpfen. Nachdem die Grenzen eines Reviers einmal erkämpft worden sind, werden sie über Duftmarken (Harn der Wölfe, spezielle Drüsensekrete der Marder etc.) oder akustische Signale (z. B. das Brüllen der Löwen) markiert. Diese Revierabgrenzung muss zwar ständig erneuert werden, wird aber von den „Nachbarn" respektiert, sodass fortwährende Kämpfe vermieden werden können.

Weiterhin wird innerartliche Aggression in Rangordnungskämpfen innerhalb einer Gruppe sichtbar. Sind die Dominanzverhältnisse aber einmal festgelegt, trägt das **Rangordnungsverhalten** zur Stabilisierung des Verbandes bei: Dadurch, dass jedes Tier seine Position kennt und sich dementsprechend verhält, werden weitere kräftezehrende Kämpfe innerhalb der Gruppe vermieden. Durch Körperhaltung und Gebärden werden Dominanz und/oder Unterlegenheit signalisiert (s. u.). Ein ranghöheres Tier hat Vorrang in Konkurrenzsituationen, z. B. bei der Nahrungsverteilung oder bei der Partnerwahl.

Aggressionskontrolle

Bei Kämpfen innerhalb einer Art geht es nur in Ausnahmefällen um Leben und Tod. Häufig kommt es gar nicht erst zum Kampf, da die Konflikte im Vorfeld durch Vergleich der Dominanz oder Stärke mittels ritualisierter Verhaltensweisen beendet werden können. **Imponier- und Drohverhalten** wie Vergrößern des Körpers (z. B. durch Aufrichten der Fellhaare bei Hunden und Affen oder durch Aufplustern bei Hähnen), das gegenseitige Zeigen der Waffen (z. B. das Zähnefletschen bei Raubtieren oder das Senken des Geweihs bei Hirschen) werden sowohl innerhalb einer Rangordnung als auch z. B. gegen einen Rivalen bei der Balz eingesetzt. Durch Demonstration der eigenen Stärke soll der potenzielle Gegner vor dem Kampf zurückschrecken.

Kommt es dennoch zum Kampf, ist dieser zumeist nicht auf Beschädigung ausgerichtet. Beim sog. **Kommentkampf** zwischen Artgenossen werden die tödlichen Waffen wie Hörner, Hufe oder Zähne nicht eingesetzt. So beißen Hunde und Wölfe ihren Artgenossen in den dichten Nackenpelz, nicht in die Kehle wie bei ihrer Beute. Steinböcke oder Antilopen schlagen nicht mit Hörnern oder Hufen zu, sondern stemmen sich im Kommentkampf nur mit der Stirn gegeneinander.

Bei vielen Tierarten wird der Kampf durch Flucht des unterlegenen Gegners beendet. Nur wenn die Flucht durch einen Zaun o. Ä. verhindert wird, geht der Komment- in einen Beschädigungskampf über. Ein solcher **Beschädigungskampf** verläuft dann nicht mehr nach den o. g. festen Regeln, sondern es werden auch Waffen und Techniken eingesetzt, die letztendlich zum Tode des Gegners führen können.

Bei sozial lebenden Tierarten, bei denen sich das Tier durch Flucht von der schützenden Gruppe entfernen würde, sollen **Demutsgebärden** einen Kampf beenden. Sie werden auch eingesetzt, um den Ausbruch eines Kampfes zu verhindern. Durch Unterwerfungsgesten, die häufig ritualisierte Verhaltensweisen aus dem Bereich der Brutpflege oder der Paarung darstellen, wird beim überlegenen Gegner eine **Tötungshemmung** ausgelöst.

Demutsgebärde:
Aufforderung zur Körperpflege

16.3 Soziobiologie

Die Soziobiologie verbindet die Fragestellungen der Ethologie mit denen der Evolution. Sie fragt vor allem nach dem Zweck des Sozialverhaltens. Im Gegensatz zur klassischen Ethologie, die die „Arterhaltung" als ultimative Ursache des Sozialverhaltens von Tieren ansieht, geht die Soziobiologie von der Darwinschen Idee der **Selektion des Individuums** aus: Nicht nur die körperlichen Merkmale der Individuen, sondern auch ihre Verhaltensweisen sind der Selektion unterworfen. Demzufolge können in der Evolution nur Verhaltensweisen bestehen, die den Fortpflanzungserfolg desjenigen Tieres maximieren, das dieses Verhalten zeigt. Nur so können die entsprechenden Gene effektiv an die nächste Generation weitergegeben werden, denn letztlich ist auch Verhalten nur ein Ausdruck der genetischen Ausstattung eines Lebewesens.

(Eigentlich geht die Soziobiologie sogar noch weiter und postuliert den **Egoismus der Gene:** Jedes Gen ist um seine eigene maximale Verbreitung bemüht. Allerdings ist die kleinste Einheit, an der die Selektion angreifen kann, nicht das einzelne Gen, sondern das Individuum, in dessen Phänotyp sich die Gesamtheit der Gene widerspiegelt.)

Die Theorie, dass Verhalten dem Individuum nützen muss, steht besonders zu dem in Kleingruppen oft beobachteten sog. **altruistischen Verhalten** in scheinbarem Widerspruch. Hierbei opfert ein Individuum sein Leben oder seine „Arbeitskraft" zum Wohl anderer Gruppenmitglieder. Seine eigene Fortpflanzungsfähigkeit wird dadurch stark eingeschränkt oder sogar ganz unterbunden. Dieses „selbstlose" Verhalten scheint demnach auf die Arterhaltung ausgerichtet zu sein.

Allerdings eröffnet die Soziobiologie zur Lösung dieses Widerspruchs eine einfache Kosten-Nutzen-Rechnung: Bei der Fortpflanzung geht es um die Weitergabe der eigenen Gene. Mit Verwandten hat man immer einen gewissen Prozentsatz seiner Gene gemeinsam, z. B. mit Eltern wie mit Geschwistern statistisch betrachtet 50 %. Wenn ein Tier nun hilft, drei Kinder seiner Schwester aufzuziehen (mit denen es je 25 % genetische Übereinstimmung hat) oder eine ganze Gruppe von Verwandten vor dem Gefressenwerden rettet, hat es – statistisch gesehen – mehr Gene an die nächste Generation weitergegeben, als durch einen eigenen Nachkommen möglich gewesen wäre. Auf diese Weise kann sich das „altruistische Gen", das ja mit einer hohen Wahrscheinlichkeit bei den Verwandten ebenfalls vorkommt, in der nächsten Generation weiter ausbreiten.

Nach der **Hamilton-Regel** ist Altruismus nur dann erfolgreich und breitet sich aus, wenn der erreichte Nutzen (B = benefit) im Verhältnis zum Aufwand (C = cost) größer ist als das Reziproke des Verwandtschaftsgrades (r = relatedness).

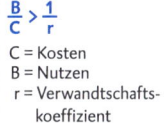

$$\frac{B}{C} > \frac{1}{r}$$

C = Kosten
B = Nutzen
r = Verwandtschafts-
koeffizient

17 Verhalten des Menschen

Auch das Verhalten des Menschen setzt sich aus genetisch fixierten und erlernten Anteilen zusammen. Zusätzlich wird das Verhalten aber auch durch gesellschaftliche und psychologische Faktoren beeinflusst und durch das Bewusstsein kontrolliert. Interessant ist für die Verhaltensbiologie dennoch die Frage, welche grundlegenden, in den Genen verankerten Mechanismen unser Verhalten steuern.

17.1 Angeborenes Verhalten beim Menschen

Aus ethischen Gründen sind besondere Untersuchungsmethoden erforderlich, um den Anteil erbkoordinierten Verhaltens beim Menschen zu bestimmen:

- **Beobachtungen an Neugeborenen:** Verhaltensweisen, die direkt nach der Geburt auftreten, müssen angeboren sein. Dazu gehört u. a. der Greifreflex oder die erbkoordinierte Saugbewegung an der Mutterbrust.
- **Beobachtungen an taubblind Geborenen:** Obwohl diese Menschen Gestik und Mimik nicht durch Nachahmung lernen können, zeigen sie die gleichen Gefühlsausdrücke wie Hörende und Sehende, z. B. Lächeln oder Stirnrunzeln.
- **Vergleichende Verhaltensforschung:** Verhaltensanteile, die kulturübergreifend auftreten, wie Ausdrücke der Freude oder des Zorns, sind mit hoher Wahrscheinlichkeit angeboren.
- In gewissem Umfang kann man auch aus den **Erkenntnissen der Tierethologie** Rückschlüsse auf menschliches Verhalten ziehen.

Durch Verhaltensbeobachtungen am Menschen konnten u. a. zwei angeborene Auslösemechanismen (AAM, siehe S. 122) beim Menschen aufgeklärt werden, das Kindchenschema und das Frau-Mann-Schema, die unser Verhalten maßgeblich beeinflussen.

Kindchenschema

Kinder und Jungtiere senden Signale aus, die Brutpflege- und Schutzverhalten auslösen. Dies soll gewährleisten, dass sie die benötigte Zuwendung und Hilfe bekommen. Der zugrunde liegende AAM ist bei Frauen stärker ausgeprägt als bei Männern.

Die wichtigsten Schlüsselreize des Kindchenschemas sind:

- rundliche Körper- und Kopfform, kurze Gliedmaßen
- überproportionaler Kopf
- flaches Gesicht mit vorgewölbter Stirn und runden „Pausbacken"
- typische Stimmfärbung

Kindchenschema

In dieser Konstellation lösen die Schlüsselreize Zuwendung aus, die die erwachsenen Formen nicht hervorrufen können. In der Werbung, in Comics oder beim Design von Stofftieren wird dies häufig ausgenutzt, um über eine positive Gefühlsreaktion die Kaufbereitschaft zu erhöhen.

Frau-Mann-Schema

Angeborene und ab der Pubertät wahrnehmbare Schlüsselreize bestimmen die **sexuelle Attraktivität** von Menschen auf das andere Geschlecht. Es gibt auch hier Grundschemata, auf die ein AAM anspricht:

Frau-Schema (A-Form)	Mann-Schema (V-Form)
• schmale Schultern und Taille	• breite Schultern
• breitere Hüften	• schmales Becken
• Form der Brüste und des Gesäßes	• ausgeprägte Muskulatur

Die Schlüsselreize des Frau-Schemas bewirken beim Mann Flirtverhalten, sexuelle Annäherung und beschützendes Verhalten. Sind die Merkmale des Frau-Schemas mit denen des Kindchenschemas kombiniert, so fallen diese Reaktionen noch verstärkt aus. Gleichzeitig wirken die Schlüsselreize auch auf potenzielle Rivalen.

Bei der Frau lösen die Schlüsselreize des Mann-Schemas ebenfalls sexuelle Annäherung und den Wunsch nach Paarbindung aus.

Auch hier werden die zugrunde liegenden, unwillkürlichen Mechanismen, z. B. in der Werbung, wirtschaftlich ausgenutzt. Dem Wunsch nach gesteigerter Attraktivität wird außerdem durch das große Angebot geeigneter Bekleidung, Kosmetik, Diäten oder Sportarten (Bodybuilding) Rechnung getragen.

17.2 Lernvorgänge beim Menschen

Zu Beginn seines Lebens erfährt der Mensch eine **prägungsähnliche Fixierung** auf eine feste Bezugsperson, die ihm Sicherheit und Geborgenheit vermittelt. Diese auch als Mutter-Kind-Bindung bezeichnete Beziehung ist für die Entwicklung sehr wichtig. Kann sie z. B. aufgrund fehlender oder ständig wechselnder Bezugspersonen nicht aufgebaut werden, hat das Verhaltensstörungen zur Folge (Hospitalismus).

Auch **Konditionierungen** spielen im Leben eines Menschen eine Rolle. Verbrennt sich beispielsweise ein Kind die Hand an einer Kerzenflamme, ergibt sich daraus eine bedingte Aversion.

Der Mensch besitzt eine stark verlängerte Jugendentwicklung und damit die Möglichkeit, durch **Spiel** und **Nachahmung** auch komplexe Verhaltensweisen einzuüben (z. B. Werkzeuganwendung und Sprache). Weitere wichtige Lernformen sind das Lernen durch **Versuch und Irrtum** sowie das Lernen durch **Einsicht**, mit denen die für die menschliche Kultur notwendigen kognitiven Fähigkeiten erworben werden (z. B. Abstraktionsfähigkeit beim Rechnen und Zeichnen).

17.3 Sozialverhalten des Menschen

Schon früh in der Entwicklungsgeschichte des Menschen haben sich über den Familienverbund hinaus **soziale Gruppen** zusammengefunden, die z. B. durch gemeinsame Jagd und Verteidigung gegen Feinde das Leben der Gruppenmitglieder erleichtert haben.

Auch heute fühlen sich die meisten Menschen einem Verein, einem Staat und einer religiösen oder kulturellen Gruppe angehörig. Der Zusammenhalt innerhalb der Gruppe wird durch gemeinsame Verhaltensweisen (Rituale), Ziele und Äußerlichkeiten (z. B. Kleidungsstil, Uniformen, Vereinstrikots) gestärkt. Wer sich in Aussehen oder Benehmen von der Gruppennorm unterscheidet, wird aus der Gruppe ausgestoßen. Auch zur Abgrenzung gegen andere Gruppierungen werden gemeinsame Gruppenmerkmale herangezogen. Dies zeigt sich z. B. in den irrationalen Vorurteilen gegen Menschen mit anderer Hautfarbe, einer anderen Religion oder abweichenden politischen Ansichten und kann bis hin zur **Aggression gegen Gruppenaußenseiter** gesteigert werden.

In sozialen Gruppen gibt es ein mehr oder weniger ausgeprägtes **Rangordnungsverhalten**. Dies wird einerseits durch Statussymbole wie Adelstitel, Orden, Kleidung oder Besitz demonstriert, andererseits durch Demutsgesten wie Verneigen oder Gehorsam akzeptiert. Aus der Gruppe bezieht der Einzelne Sicherheit und Bestätigung. Wird einem Menschen über längere Zeit die benötigte Anerkennung durch die Gruppe verweigert, kann sich dies in **Aggression durch Frustration** äußern.

Territorialverhalten zeigt sich beim Menschen u. a. durch das Anlegen von Zäunen oder Mauern um Grundstücke, aber auch durch Staatsgrenzen. Unbefugtes Eindringen wird untersagt. Betritt dennoch ein Fremder das eigene Territorium, wird dies als Aggression empfunden und mit Abwehrverhalten beantwortet. Zum Territorium eines Menschen gehört auch seine natürliche Individualdistanz, die nur sehr vertraute Personen unterschreiten dürfen. Deswegen ist uns das Gedränge in einem vollen Bus oder einem Fahrstuhl so unangenehm. Es ist ein Ausdruck der menschlichen **Selbstkontrolle**, dass das Territorium hier nicht sofort mithilfe von Imponier- und Drohverhalten verteidigt wird.

Stichwortverzeichnis